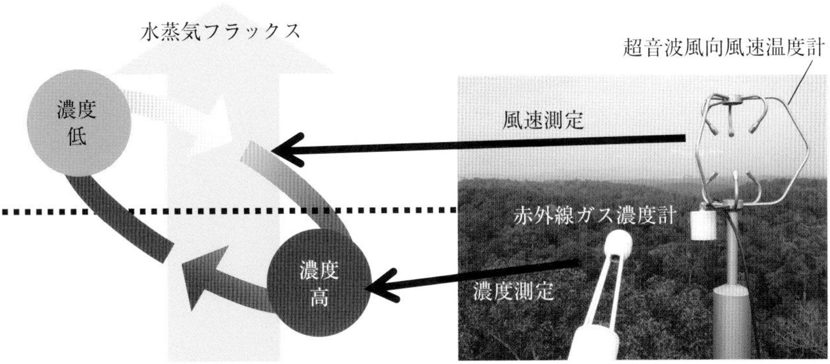

口絵 1　渦相関法によるフラックス測定→p. 8

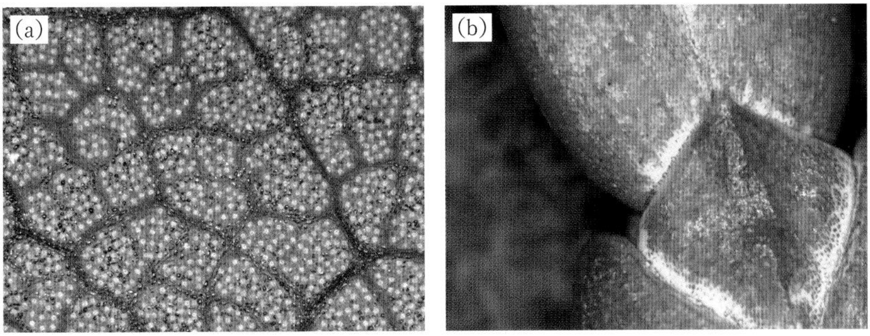

口絵 2　クスノキ（a）とヒノキ（b）の葉の裏面に見える気孔（白い斑点のように見える）→p. 19

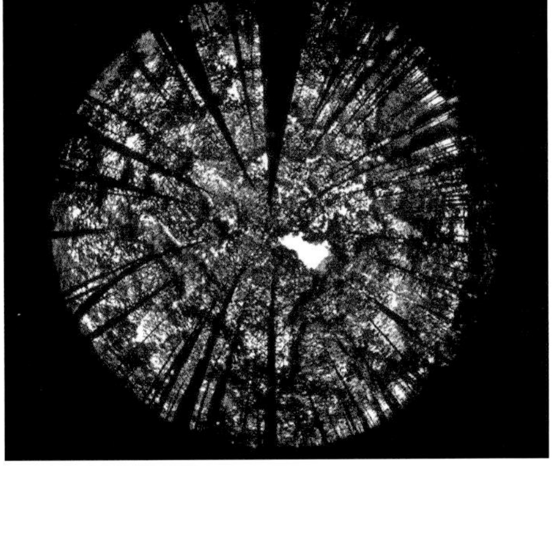

口絵 3　ヒノキ林における全天空写真の例
撮影：村上茂樹. →p. 58

口絵４　宝川森林理水試験地・初沢流域の中流部から上流部

右岸尾根の標高 1100 m 付近から植栽後 30 年が経過した 1996 年 4 月に撮影．左が上流になる．谷沿いを中心にスギの疎林が広がり，対岸の尾根付近は広葉樹二次林，または灌木帯となっている．灌木帯は完全に積雪に埋もれており，写真では雪原として見えている．村上ほか (2003) より．→p. 87

口絵５　東シベリア・ヤクーツク近郊におけるサーモカルスト地形

(a) ブラー (bullar)，(b) ディエデ (dyede)，(c) テュンプ (tuumpu)，(d) アラース (alaas)．ロシア科学アカデミーシベリア支部・寒冷圏生物問題研究所の Aleksei R. Desyatkin 氏提供．→p. 103

口絵 6　東シベリア（ヤクーツク）のカラマツ林における林床の様子
(a) 1997 年，(b) 2012 年． →p. 140

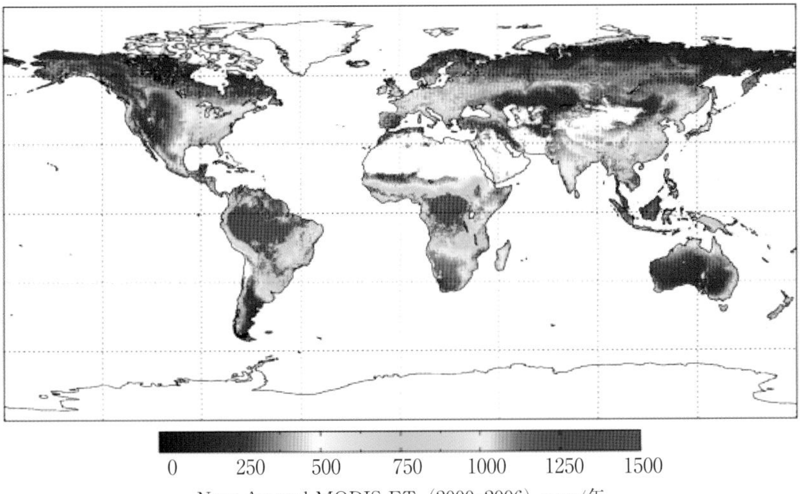

口絵 7　世界の年間蒸発散量：渦相関法データで検証された数値モデルによる推定マップの一例
Mu *et al.* (2011) より． →p. 154

口絵 8 (a) 土壌・根系調査の様子,
(b) 乾燥期に涸れ上がった川 (Pasoh)
→p. 167

口絵 9 (a) canopy walkway,
(b) 個葉ガス交換測定の様子
(Pasoh) →p. 168

森林科学シリーズ

森林と水

三枝信子 / 柴田英昭 / 高梨　聡 編

Series in Forest Science

5

共立出版

執筆者一覧

三枝信子	（国研）国立環境研究所 地球システム領域（まえがき）
柴田英昭	北海道大学北方生物圏フィールド科学センター（まえがき）
高梨　聡	（国研）森林研究・整備機構 森林総合研究所（第 1 章・まえがき）
南光一樹	（国研）森林研究・整備機構 森林総合研究所（第 2 章）
村上茂樹	（国研）森林研究・整備機構 森林総合研究所（第 3 章）
檜山哲哉	名古屋大学宇宙地球環境研究所（第 4 章）
飯島慈裕	三重大学大学院生物資源学研究科（第 4 章）
小杉緑子	京都大学大学院農学研究科（第 5 章）

『森林科学シリーズ』刊行にあたって

樹木は高さ 100 m，重さ 100 t に達する地球上で最大の生物である．自ら移動することはできず，ふつうは他の樹木と寄り合って森林を作っている．森林は長寿命であるためその変化は目に見えにくいが，破壊と修復の過程を経ながら，自律的に遷移する．破壊の要因としては，微生物，昆虫などによる攻撃，山火事，土砂崩れ，台風，津波などが挙げられるが，それにも増して人類の直接的・間接的影響は大きい．人類は森林から木を伐り出し，跡地を農耕地に変えるとともに，環境調節，災害防止などさまざまな恩恵を得てきた．同時に，自ら植林するなど，森林を修復し，変容させ，温暖化など環境条件そのものの変化をもたらしてきた．森林は人類による社会的構築物なのである．

森林とそれをめぐる情勢の変化は，ここ数十年に特に著しい．前世紀，森林は破壊され，木材は建築，燃料，製紙などに盛んに利用された．日本国内においては拡大造林の名のもとに，奥地の森林までが開発され，針葉樹造林地に変化した．しかし世紀末には，地球環境への関心が高まり，とりわけ温暖化と生物多様性の喪失が懸念されるようになった．それを受けて環境保全の国際的枠組みが作られ，日本国内の森林政策も木材生産中心から生態系サービス重視へと変化した．いまや，森林には木材資源以外にも大きな価値が認められつつある．しかしそれらはまた，複雑な国際情勢のもとで簡単に覆される可能性がある．現に，第 44 代アメリカ合衆国大統領のバラク・オバマ氏は退任にあたり「サイエンス」誌に論文を書き，地球環境問題への取り組みは引き返すことはできないと遺言したが，それは大統領交代とともに，自国第一の名のもとにいとも簡単に破棄されてしまった．

動かぬように見える森林も，その内外に激しい変化への動因を抱えていることが理解される．私たちは，森林に新たな価値を見い出し，それを持続的に利用してゆく道を探らなくてはならない．

『森林科学シリーズ』刊行にあたって

本シリーズは，森林の変容とそれをもたらしたさまざまな動因，さらにはそれらが人間社会に与えた影響とをダイナミックにとらえ，若手研究者による最新の研究成果を紹介することによって，森林に関する理解を深めることを目的とする．内容は高校生，学部学生にもわかりやすく書くことを心掛けたが，同時に各巻は現在の森林科学各分野の到達点を示し，専門教育への導入ともなっている．

『森林科学シリーズ』編集委員会
菊沢喜八郎・中静　透・柴田英昭・生方史数・三枝信子・滝　久智

まえがき

気候変動とくに地球温暖化の進行を抑えることは，持続可能な地球環境の維持のために国の枠を越えて取り組む必要のある最優先の課題の一つである．世界の平均気温は産業革命前に比べて長期的に上昇を続けており，世界各地で高温や干ばつ，大雨や暴風などの極端な現象の発生頻度が増加している．温暖化の影響は海面水位の上昇とそれに伴う高潮・高波や海岸浸食による被害のリスクも上昇させている．こうした中で，世界の気候を安定化し将来にわたり持続可能な社会を維持する上で森林の果たす役割は改めて見直されている．

世界の森林面積は約40億ヘクタールに及び，全陸地面積の約3割を占めている．森林は太陽から受ける日射のエネルギーを吸収し，赤外放射（長波放射），森林上の大気を直接温めるエネルギー（顕熱），水の蒸発に使われるエネルギー（潜熱）などに形を変えて大気へ輸送する．植生の少ない都市や乾燥地に比べて，森林は葉からの蒸散量や樹冠で捕捉した雨水の蒸発量が大きいことから潜熱の割合が高く，森林上の空気を直接加熱する顕熱の割合が抑えられる．この働きにより，森林は樹冠上の気温の上昇を抑え，その地域の気候を調節しているということができる．

森林はまた，雨水を受けて根系や土壌等に蓄積し，地下水を涵養する．同時に河川への雨水の直接流出を緩和することにより洪水や土壌流出，土砂災害などを防止する役割を果たしている．

さらに森林は地球温暖化の原因物質の一つである二酸化炭素の主要な吸収源である．世界の二酸化炭素収支の観測やモデル解析の結果を集約したGlobal Carbon Budget 2021（Friedlingstein *et al.*, 2021）によれば，2011年から2020年の間に人間活動により大気中に放出された二酸化炭素の29％は世界の陸域（主に森林）によって正味で吸収されたと推計されている．

このように森林は気候変動の緩和や防災・減災に必要不可欠な役割を果たし

ているが，人間活動の影響による森林減少・森林劣化は依然として続いており，これを抑止することが世界的な課題となっている．森林減少・森林劣化は特に熱帯地域で深刻であり，その主な原因は食料生産のための農地への転換，燃料用バイオマスの過剰採取，森林火災等であると考えられている．加えて気候変動の影響によって熱波や干ばつの頻度が将来上昇すれば，森林火災の増加，土地の劣化，砂漠化の拡大等に伴って森林減少・森林劣化のリスクがさらに高まることが危惧される．

気候変動の影響は，逆に，これまで低温のために植物の生育に適さなかった高緯度または高標高の地域へ森林を拡大させる方向に働く場合もある．たとえば，過去数十年の間にアジア，ヨーロッパ，南アメリカ，北アメリカの一部，及びオーストラリア南東部の一部では緑化（光合成を行う植物バイオマスの増加）が認められたとも報告されている（IPCC，2019）．緑化の原因には地球温暖化の影響で光合成を行うことのできる生育期間が長くなること，大気中二酸化炭素濃度の上昇によって光合成の効率が上がること（二酸化炭素の施肥効果），農地等からの窒素成分の放出に伴う大気窒素沈着を介して森林への窒素の施肥効果がもたらされることなどが挙げられている．

さらに，冬季に積雪に覆われる地域において温暖化の影響によって森林が拡大すると，日射の反射率の変化を介してその地域の温暖化がさらに加速する「正のフィードバック」が働く場合がある．すなわち，雪氷に覆われた地表面は反射率が高く，逆に植物や土壌は反射率が低いことから，冬季に雪氷に覆われる地域に森林が拡大すると，たとえば春に森林が日射のエネルギーをより多く吸収することにより融雪を早め，気温をより早く上昇させるようになる．結果として積雪に覆われる期間は短くなり，森林が拡大していなかった時に比べてその地域の気温上昇が加速される．高緯度地方でこのような温暖化の正のフィードバックが働くと，永久凍土の縮小，干ばつや火災の増加，病害虫の発生頻度の上昇等が加速される可能性もある．

人間活動とそれによって引きおこされた気候変動が森林に与える影響はこのように複雑であるが，将来の気候変動とその影響を予測し，考え得る負の影響を最小限に抑えるために様々な気候変動対策が検討されている．気候変動対策には，気候変動，特に地球温暖化の進行を抑えるための気候変動緩和策や，将来の気候変動の負の影響を回避したり，最小限に抑えるための気候変動適応策がある．

重要な気候変動対策の一つとして，持続可能な森林管理を行い，森林減少及び劣化を食い止めることにより，土壌炭素の保全と生物多様性の保全を同時に実現しようとする取組みがある．大量の炭素を蓄積している泥炭林や湿地林，マングローブをはじめとする沿岸の生態系を保全することは，二酸化炭素の吸収源を保全するだけでなく地中への炭素隔離にも貢献することから気候変動緩和策とも認識されている．また，熱帯や亜熱帯地域で行われているアグロフォレストリーは，土地劣化や土壌流出，森林劣化や生物多様性の損失を防ぐことに貢献する．なお，アグロフォレストリーとは森林を管理しつつその間の土地で農作物の栽培や畜産を行う手法であり，気候変動対策の一つとして注目されつつある．

ほかにも持続可能な森林管理によって二酸化炭素の吸収源を維持し，得られた木材資源を長期間保存できる建築資材等に加工して利活用する取組みや，木炭や竹炭を土壌改良資材として農地等に施用して長期的に炭素を土壌中に蓄積する取組みも気候変動対策として検討されている．

さらに積極的な気候変動対策として，新規植林や再植林に加え，植物由来の炭素をバイオマスエネルギーとして利用し，発電所等で燃焼によって発生する二酸化炭素を回収し貯留する取組み（回収・貯留付きバイオマス発電）も検討されている．大気中の二酸化炭素を人為的に回収・貯留する取組みは，二酸化炭素の負の排出という意味でネガティブエミッションとも呼ばれる．

ネガティブエミッションの拡大は，産業革命前からの地球の平均気温上昇を2°C 未満（できる限り 1.5°C まで）に抑えるというパリ協定の目標を達成するためには必要と考えられている．パリ目標の達成には今世紀半ばに温室効果ガスの人為排出と人為吸収をバランスさせる「ネット・ゼロ排出」を達成することが不可欠であるが，人為排出は工業部門だけでなく食料生産に欠かせない農業部門等からも発生するため人為排出量をゼロにすることは現実的には極めて困難であり，人為排出を相殺する人為吸収源がどうしても必要であるからである．

しかし，ネガティブエミッションの拡大には土地や水資源をめぐって食料生産や生物多様性保全との間に厳しい競合が発生すると危惧されている．気候変動に関する政府間パネル（Intergovernmental Panel on Climate Change：IPCC）の報告によると，世界の気温上昇を産業革命前と比べて 1.5°C 以内に抑えるためには 2050 年までにバイオエネルギー植物の生産に最大 700 万 km^2 の土地を必要とすると推定しているが（IPCC，2019），このような大規模な導入は水資源の枯渇をもたらし，土地劣化や砂漠化のリスクを増加させるほか，食料生産に必要な土地を圧迫することにより食料価格を上昇させると予想されている．バイオエネルギーの原料に農林畜産業等の残渣や有機廃棄物を利用すれば土地や水資源への圧力は緩和されるが，残渣の量は限定的であるといわざるを得ない．また，本来なら土壌に戻すはずの植物残渣を除去することによって土壌の劣化を生じる恐れがある．気候変動対策としての吸収源の拡大は避けられないが，土地劣化，水資源の不足，それに伴う砂漠化や食料生産の減少は十分な対策を講じて防がなければならない．

将来の気候下で発生し得る極端現象への対策という側面から見ると，森林を含む生態系を活用した防災・減災対策は重要な気候変動対策の一つである．たとえば極端な豪雨のような自然現象から人命や財産を守るための緩衝帯として，保全または再生された生態系を利用する対策等がある．このような緩衝帯としての生態系は平常時は水資源の保全，生物多様性の保全，あるいはレクリエーションの場として活用することができ，地域における人間の福利にも貢献する．

生態系を活用した防災・減災対策には，山地や傾斜地の土砂災害を防ぐための森林の保全，暴風・砂塵嵐・塩害などを防ぐための農地防風林や海岸暴風林，都市公園への植樹による防災機能強化なども含まれる（環境省，2012）．世界の乾燥・半乾燥地域においては，少ない水資源でも生育する樹種を新規植林・再植林することで土壌の保水力と生態系を維持する対策がとられている．これは重要な気候変動緩和策であり適応策でもある．

人間活動とその影響を受けた気候変動は，陸面の熱収支や水収支を介して世界の森林の面積やバイオマスを変化させ，森林はまた地球の気候変動に影響を与える．将来にわたり気候を安定化させ，地域や国，国際社会の様々な規模で持続可能な人間社会を維持するためには，森林における水や物質の循環と将来の変化，生態系や地域社会への影響を科学的知見に基づき正確に把握しつつ，持続可能な方法で森林が生み出す資源を最大限に活用する手段を見出すことが必要である．それには地域や国，国際社会の全ての規模で必要な制度設計や合意形成が必要となる．気候変動には早急な対策をとらねばならず，対応を先延ばしにすればするほど気候変動の影響への適応は困難になる．しかしその一方で，気候変動対策のための急速な技術の普及や社会の変化は予測しない副作用をもたらす可能性もある．

このように難しい課題に対応する必要に迫られる中で，科学的知見の創出と可視化，現実の問題解決に向けた科学者と社会の協働がますます必要とされている．本書は，森林と水に関わる基本的問題を記しており，前半の第1〜3章では，森林を介した水循環，水による物質およびエネルギーの移動，森林と降雪・積雪・融雪（水源涵養）などの基本的な概念と研究成果を概説する．後半の第4章と第5章では，世界の森林の水循環の実態を示すと同時に，われわれ執筆者たちが特に取り組んでいる環境変動に関わる研究事例を解説する．地域・国・国際社会の様々な規模で生じる複雑な環境問題や社会問題に取り組む方々にとって，森林と水に関わる基礎に立ち返る必要が生じたときに本書が貢献することを期待する．

最後に，本書の編纂に対し大きな貢献をいただいた執筆者の皆様と，最後まで励まし導いてくださった編集担当者と共立出版株式会社の山内千尋さん，野口訓子さんに深く感謝を申し上げる．

引用文献

Friedlingstein, P., Jones, M. W., O'Sullivan, M.. *et al.*（2021）*Global Carbon Budget 2021, Earth Syst. Sci. Data.* https://doi.org/10.5194/essd-2021-386.

IPCC（2019）Summary for Policymakers. In：Climate Change and Land：an IPCC special report on climate change, desertification, land degradation, sustainable land management, food security, and greenhouse gas fluxes in terrestrial ecosystems.（eds. Shukla, P. R., Skea, J., Calvo Buendia, E. *et al.*）https://www.ipcc.ch/srccl-report-download-page/.

環境省（2012）生物多様性国家戦略 2012-2020：豊かな自然共生社会の実現に向けたロードマップ, pp. 260．https://www.env.go.jp/press/files/jp/20763.pdf.

目　次

第 1 章　森林気象環境と熱水収支，蒸発散

第 2 章　森林による降雨の分配

第3章　森林と降雪・積雪・融雪

第4章　シベリア北方林：永久凍土と水文気候

第5章　熱帯多雨林の水循環と生態系

第1章 森林気象環境と熱水収支，蒸発散

高梨 聡

はじめに

水は生命の維持に欠かせないものであり，地球上に広く存在している．水は氷（固体），水（液体），水蒸気（気体）の三態をもち，いずれの状態でも身近に見ることができる．この状態変化が地球上では絶えず行われており，エネルギー循環や気候を生み出す原動力の一つとなっている．

水を蒸発（evaporation）させるエネルギーを（蒸発）潜熱（latent heat）と呼ぶ．地表面で周囲からエネルギーを得て蒸発した水は，風によって拡散し，上昇気流等によって上空へと輸送される．上空へと輸送された水蒸気は再び凝結し，雲を形成する．この時，蓄えていた潜熱の放出というかたちで，地表面のエネルギーが上空へと輸送されることになる．雲はやがて，雨や雪となり，地表面に降り注ぎ，水循環を形作る．このように，水が循環することによって，エネルギーが輸送されるため，水循環プロセスは地球の気候に大きな影響を与えている．

植物の生育には水が必要不可欠であるが，植物体を形成するためには，ほんのわずかの水しか使用していない．根から吸水した水の大部分は植物を通り抜け，葉表面に存在する気孔（stomata）と呼ばれる穴から蒸発していくだけである．この気孔からの蒸発過程を蒸散（transpiration）と呼ぶが，この蒸散作用によって，直射日光下での葉温上昇が抑えられている．植物は移動することができないため，その場の気象条件や水分条件に適応的な形態を持ち，光合成

に必要な二酸化炭素を気孔から取り込みつつ，水分が失われるのを防ぐために気孔を制御して蒸散を行っている．また，根から栄養分を吸い上げ，葉で生産された栄養分などを植物体内に巡らせる媒体としても水を利用している．こうした植物の活動を中心として，森林群落では様々な植物や生物が共存し生態系を形作っている．

複雑な形状，生物の水利用戦略等々の要因により，森林の水循環はとても複雑であるため，実験室での測定だけからその全貌を推定することは困難である．森林における水の役割を把握するためには，水の輸送および状態変化とエネルギーに関する基礎的な理解とともに，野外での観測技術の発展が欠かせない．

本章では，複雑な森林・水・エネルギーに関わる現象とそれらを理解するための基礎的な概念について解説するとともに，森林生態系の中で水がどのように関わり，森林生態系と環境の間でどのような相互作用が行われているのかを，その研究手法とともに詳しく解説する．

1.1　森林群落と気象環境

1.1.1　放射収支と熱水収支

水の蒸発潜熱は気温 20°C の時，およそ 2450[J g^{-1}] である．これは，水を1度上昇させるための温度（比熱≒4.2[J g^{-1}]）の約 580 倍にも及ぶ．したがって，水が存在しない地表面よりも，蒸発する水を含んでいる地表面のほうが気温が上がりにくい．そして，水の存在の有無よりも，上手く水を蒸発することのほうが気温上昇を抑えるために重要である．そこで，水の蒸発過程と水やエネルギーの輸送との関係を，地表面付近での水の蒸発の基礎とともにその測定方法を交えながら，詳しく見ていこう．

太陽からの放射エネルギーは様々な波長の成分を含んでいる．太陽放射は大気により散乱し，水蒸気や酸素などに特定の波長が吸収されて，地表面に到達する．放射エネルギーの波長は物体の温度により異なるが，地表面で放射エネルギーのやり取りを考えるうえでは，主に短波波長（約 290〜3000 nm）と長波波長（約 3000〜50000 nm）に区別して考える．短波波長は太陽から発せら

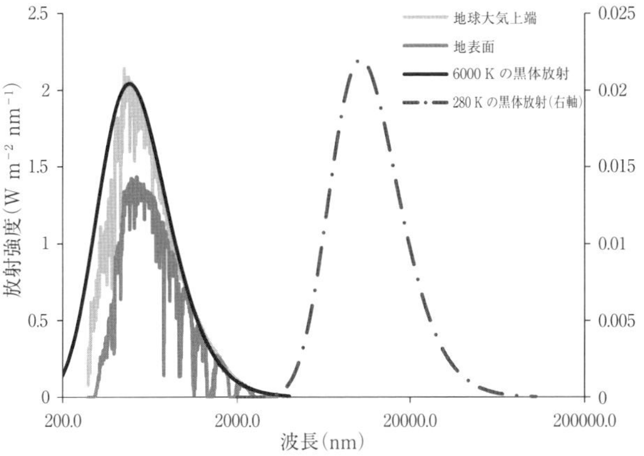

図 1.1　太陽放射スペクトル

れる，主に 6000 K 程度の物体から放出されるエネルギーであり，長波波長は雲や地表面などから発せられる，主に 288 K 程度の物体から放出されるエネルギーである．太陽が出ている晴天日の昼間は短波放射（short-wave radiation）が卓越し，夜間や曇天日には長波放射（long-wave radiation）が重要となってくる．

上空からの入射と地表面から出ていく放射エネルギーを考える．差し引きを放射収支（radiation balance）と呼び，正味地表面に加えられたエネルギーを純放射量（net radiation）と呼ぶ．純放射量（R_n [W m^{-2}]）は，S_d [W m^{-2}]：下向き短波放射量，S_u：上向き短波放射量，L_d [W m^{-2}]：下向き長波放射量，L_u [W m^{-2}]：上向き長波放射量として，次式で表される．

$$R_n = S_d - S_u + L_d - L_u \tag{1.1}$$

短波放射量や長波放射量は，放射計により測定することができる．放射計は，放射により熱せられた受光部分の温度変化を検出し，放射量を測定する機器である．

図 1.2 のような植生面を考えると，植生面に入力される正味のエネルギーである純放射量は，主に大気を暖める熱量を表す顕熱フラックス（sensible heat flux：H），水を蒸発させる熱量を表す潜熱フラックス（latent heat flux：

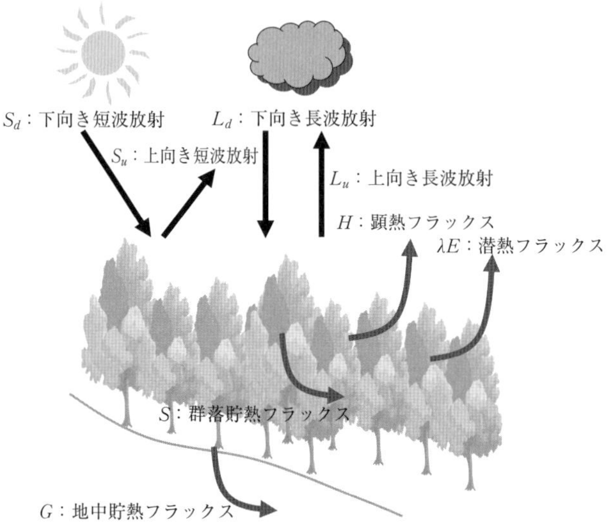

図 1. 2　放射収支と熱収支

λE)，樹体等に蓄えられる群落貯熱フラックス（vegetation heat flux：S)，地面を暖める熱量である地中貯熱フラックス（ground heat flux：G）に配分される．この収支を熱収支（heat balance）と呼ぶ．そのほかに光合成や呼吸に使用されるエネルギー（P）があるが，これは森林においては通常 R_n の数% である．

$$R_n = H + \lambda E + S + G + P \tag{1.2}$$

純放射量 R_n は測定する際には便利であるが，入力と出力を考えると，L_u は植生面からの放出と考えられるため，熱収支の項に含める場合があるので注意する．ここで，フラックス（flux）とはエネルギーや物質の流量を表し，単位は［W]，［mol s^{-1}]，［g s^{-1}］等であるが，しばしば単位面積あたりのフラックスであるフラックス密度（flux density, [W m^{-2}]，［mol m^{-2} s^{-1}]，［g m^{-2} s^{-1}])のことをフラックスと呼ぶ（この章でも，特に断らない限りフラックス密度のことをフラックスと表記する)．潜熱フラックスは気化潜熱 λ［J g^{-1}］で除することにより，エネルギーから水量のフラックスへと単位が変換され，蒸発散速度（evapotranspiration）E［g m^{-2} s^{-1}］となる．

樹体や群落内の空気は熱容量を持つため，背の高い群落では貯熱項 S が数

% に及ぶことがある．地中熱流量は地面を伝わり地中へと運ばれるエネルギーであり，熱伝導度が既知の熱流板と呼ばれる板状の機器で測定することができる．定常状態における熱伝導はフーリエの法則（Fourier's law）により

$$G = K_c \cdot \Delta T \tag{1.3}$$

により表すことができるため，熱流板上下の温度差を測定しておけば，熱流板の材質により決定される既知の熱伝導度（K_c）から地中熱流量を測定することができる．熱流板の熱容量が大きいと，熱貯留の効果により上式が成り立たなくなるため，なるべく薄いものが使用される．熱流板が薄いと今度は上下の温度差が小さくなるため，温度差の測定精度が熱流量の測定精度に影響してくるので注意する．

これから解説していく様々な現象には，「フラックス＝輸送係数×濃度勾配」という式が多数出てくる．この式では，時間が経過しても状態が変化しない定常状態を仮定しており，この式を適用する場合は時間スケール等に常に注意する必要がある．

大気などの流体が流れる時，図 1.3 のように地表面付近では表面と大気などの流体との間の摩擦や大気粘性により，地表面の状態に応じて，流速が弱められる．地表面の影響を受けた，この領域を境界層（boundary layer）とよぶ．顕熱や潜熱はこの境界層内において拡散ではなく，主に空気そのものの移動である乱流により輸送される．空気の移動量の代表値である風速と，熱輸送における濃度にあたる気温や湿度等の微気象要素を測定することにより，時々刻々の顕熱フラックスや潜熱フラックスを推定することができる．

熱伝導の場合と同様にフィックの第 1 法則（Fick's first law）から，空気力学的コンダクタンス（aerodynamic conductance）と呼ばれる輸送係数を用いてフラックスを表すことができる．たとえば温度 T_a の空気と温度 T_s の地表面との間の顕熱フラックスについて，g_a を空気力学的コンダクタンス［$\mathrm{m\,s^{-1}}$］として，

$$H = \rho C_p g_a (T_s - T_a) \tag{1.4}$$

と表すことができる．ここで，ρ は空気密度［$\mathrm{g\,m^{-3}}$］，C_p は定圧比熱［$\mathrm{J\,g^{-1}\,K^{-1}}$］である．空気力学的コンダクタンスは熱の輸送されやすさを表し，表面

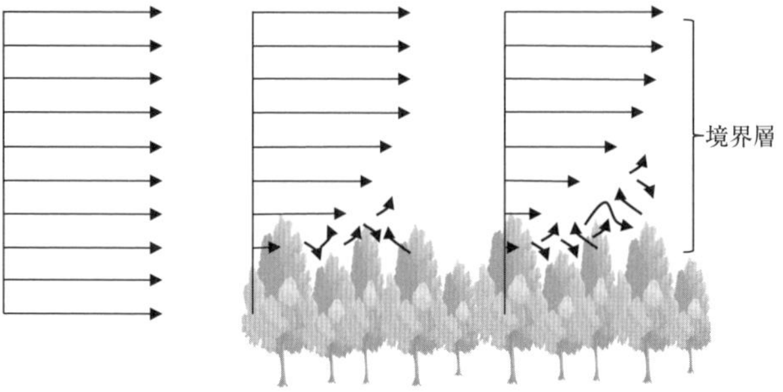

図 1.3　森林により風速が弱められ，境界層が発達し乱流輸送が卓越する模式図

の状態や風速に依存して変化する．風速が大きくなればなるほど，輸送される熱が増加し，温度勾配からもたらされる熱交換量（顕熱フラックス）が大きくなる．また，凸凹している地表面など，熱交換が盛んに行われるような表面形状においては顕熱フラックスが大きくなる．この表面形状を表す言葉として粗度（roughness）が用いられる．

熱収支を考えるうえで，顕熱・潜熱等の熱交換量（フラックス）の測定が欠かせない．風速および気温や湿度等の微気象要素からフラックスを測定するための手法を次に解説する．

A. 傾度法（aerodynamic method）

境界層コンダクタンスや水蒸気に関する輸送係数を，モニンオブコフの相似則（Monin-Obkhov similarity theory）と呼ばれる乱流理論（詳細は BOX 1.1 参照）に基づいて，他の観測値から測定あるいは推定し，潜熱フラックスを求める手法である．

$$\lambda E = -\lambda \rho K_w \frac{\partial e}{\partial z} \tag{1.5}$$

実際の測定では水蒸気圧の高さ方向の濃度勾配（$\partial e/\partial z$）を 2 高度間の水蒸気圧の差で代用し，輸送係数 K_w を風速等の他の物理量から求める．この輸送係数は大気の乱流構造や測定高度に依存して変化するため，潜熱フラックスを求めることは困難である．よって現在では傾度法が潜熱フラックスの推定に用いられることはほとんどないが，後に示す渦相関法が適用できない気体のフラックスを求める際に利用されることがある．

BOX 1.1　モニンオブコフの相似則

モニンオブコフの相似則とは，ロシアの Monin と Obukhov によって提案された大気乱流に関する理論である．この理論によれば，大気乱流は，レイノルズ応力，顕熱フラックス，浮力パラメーターの三つによって表すことができるという相似則（similarity law）が成り立つ．この相似則を用いると，大気境界層が中立である時（顕熱フラックスと浮力パラメーターが大気乱流状態に関わらない時），平均風速の鉛直勾配は摩擦速度（u^*）と風速（$\bar{u}$）の次元解析により，高さを z とすると，カルマン係数（k）を用いて，

$$\frac{\partial \bar{u}}{\partial z} = \frac{u^*}{kz}$$

と表すことができ，この式を積分すると風速の対数法則（logarithmic law）が導かれる．大気が不安定な日中や安定な夜間においては，この対数分布から風速がずれる．このずれは，大気安定度を用いて表される普遍関数を用いて表現することができる．したがって，風速分布と大気安定度を測定することができれば，このモニンオブコフの相似則から摩擦速度（運動量フラックス）を求めることができる．風速分布の代わりに温位分布や比湿分布を測定すれば，顕熱フラックスや潜熱フラックスも理論的に計算することができる．

B．バルク法（bulk aerodynamic method）

$$H = \rho C_H U(T_s - T_a) \tag{1.6}$$

$$\lambda E = \lambda\rho C_e U(e_s - e_a) \tag{1.7}$$

熱輸送係数を風速（U）に関連付けてフラックスを求める方法である．C_H は顕熱に関するバルク係数，C_e は潜熱に関するバルク係数であり，測定高度，大気の安定度，熱交換面の状態により決定されるパラメーターである．バルク係数を求めた後，風速や表面温度や蒸発面の情報からフラックスを求める．バルク係数は，地表面の粗度などにより決定され，理論的にも導かれているが，森林のような複雑な地表面に適用することは現実的ではないため，パラメーターとして求める必要がある．また，潜熱に関するバルク係数は，蒸散が行われている場合，気孔開度に応じて変動するため，別途推定するモデルが必要である．

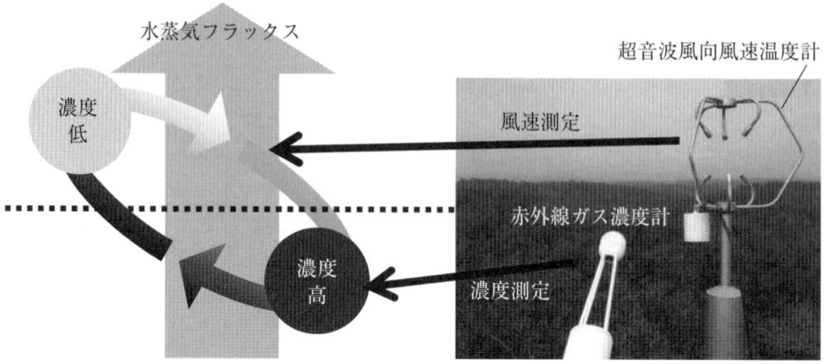

図 1.4　渦相関法によるフラックス測定 →口絵 1

C. ボーエン比法（Bowen ratio method）

熱収支式と乱流拡散理論を組み合わせて，輸送係数を求めることなく顕熱フラックスと潜熱フラックスを測定する方法である．$\beta = H/\lambda E$ であるボーエン比（Bowen ratio）を導入すると，熱収支式から，

$$\lambda E = \frac{R_n - S - G}{1 + \beta} \tag{1.8}$$

と，潜熱フラックスを求めることができる．ボーエン比は顕熱と潜熱の輸送係数が等しいとして，次式から求めることができる．

$$\beta = \gamma \frac{T_2 - T_1}{e_2 - e_1} \tag{1.9}$$

ここで，γ は乾湿計定数（$= PC_p/0.622\,\lambda$）である（BOX 1.2 参照）．2 高度間の気温（T_1, T_2）と水蒸気圧（e_1, e_2）および有効放射量の測定値からボーエン比を求め，式（1.9）から潜熱フラックスを求めることができる．

D. 渦相関法（eddy correlation method, eddy covariance method）

エネルギーや水蒸気などの物質は大気中では主に乱流拡散により輸送されているが，その輸送係数を求めることが難しいため，近年では乱流拡散理論に基づいた渦相関法によるフラックス測定が主流となっている．渦相関法では，森林上観測タワーを建て，タワー上にて風速（空気の移動量）と物質量を高頻度に測定することにより，輸送量を直接算出する．地表面付近での空気は乱流状態にあり，空気が混合することにより物質が輸送されている．ある物質濃度 c の空気塊が乱流により輸送されている場合には，以下の式でフラックスを表すことができる．

$$F=\overline{\rho wc}=\overline{\rho}\,(\,\overline{\overline{w}+w'}\,)(\,\overline{\overline{c}+c'}\,)=\overline{\rho}\,(\,\overline{\overline{w}\overline{c}}+\overline{w'c'}\,) \tag{1.10}$$

ここで ρ：空気密度，w：鉛直風速，c：混合比，$\overline{}$は時間平均値，$'$ は平均値からの乱れを示す．鉛直風速の平均値が 0（$\overline{w}=0$）と仮定すると，

$$F=\overline{\rho w'c'} \tag{1.11}$$

となる．したがって，鉛直風速の乱れ成分と水蒸気の乱れ成分を測定することによってフラックスを求めることができる．

実際の観測は，超音波を利用して風速を測定する超音波風向風速温度計（supersonic anemometer thermometer：SAT）と赤外線水蒸気濃度計（infra-red gas analyzer：IRGA）を植生面上に設置して行う．乱流による変動成分を捉えるために 10 Hz 程度の頻度で測定し，平均化時間を 30 分程度にすることにより乱れ成分を算出し，水蒸気フラックス（蒸発潜熱を掛け合わせることで潜熱フラックスとなる）を測定することができる．二酸化炭素についても水蒸気と同様に測定できる．森林群落の蒸発散量や光合成量を 30 分という高い時間解像度で測定できるため，蒸発散／光合成研究のプロセスを理解するうえで欠かせない観測となっている．世界各地でタワーが建設され，モニタリングに利用されている．しかしながら，放射収支と渦相関法で測定される熱収支が合わないという問題（energy balance closure problem）が各地で確認されており，多くの観測サイトでおおよそ 2 割程度過小評価しているとの報告がある（Stoy *et al.*, 2013；Wilson *et al.*, 2002）．その原因は植生の不均一性，移流，平均化に関する問題，超音波風速計では捉えられない速度の低周波の交換等々が挙げられている（Foken *et al.*, 2011）が，未だ詳細は明らかにはなっていない．また，降雨中または降雨直後の測定はセンサーに水滴が付着するなどして誤差が発生し，渦相関法の適用が難しい．公開されているデータ等を使用する際には，データの品質管理（quality check）の方法やその補正方法（gap filling）に注意する必要がある．

放射収支や熱収支の各項を様々な気候や植生面上で調べていくと，太陽エネ

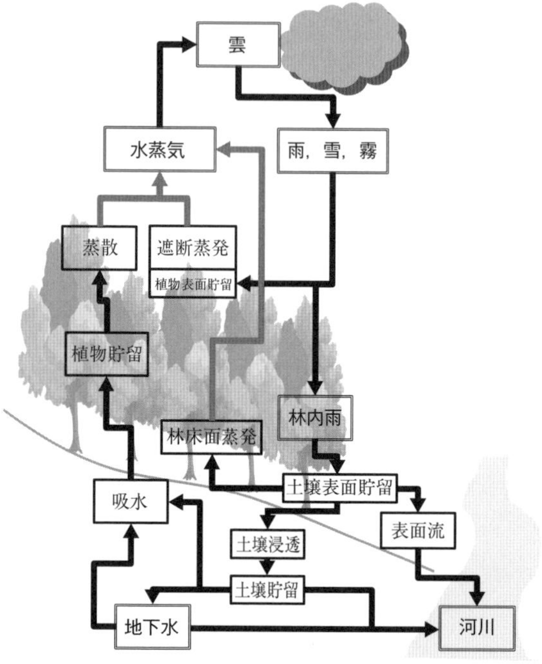

図 1.5　森林と水動態

ルギーが地表面上で顕熱輸送や潜熱輸送などプロセスの違う現象にどのように分配され，どのような気象条件になっているのかを調べることができる．

たとえば，森林上では蒸発散作用により裸地に比べて顕熱に配分される太陽エネルギーが少なくなるため，森林内の熱環境は緩和される．また，複雑な形状を持つ森林樹冠上では，乱流の形成が促進され，顕熱や潜熱の交換が盛んに行われている．第４から５章では世界各地の様々な森林における水動態の実際について詳述されているので，参照されたい．

ここまでは，主にエネルギーのやり取りについて見てきたが，次に，水そのものの輸送量について考えてみる．森林での水の輸送を考えると，前節では一括りにしてきた蒸発散であるが，蒸発と蒸散という異なるプロセスを通して，実際には水は液体から気体へと変化している．降水により森林にもたらされた水は，蒸発により大気に戻るほか，地中へと浸透する．地中へと浸透した水は，植物に吸水されて，葉からの蒸散により再び大気へと放出される．植物に吸収されなかった水は，土壌に浸透し，河川となり流出していく．森林群落での蒸発はさらに，遮断蒸発（interception loss），林床面蒸発（floor evaporation）といったプロセスに分けられる．まず降水は，森林樹冠に補捉される．この過程は遮断蒸発と呼ばれ，森林においては蒸発散量の3割程度を占め，重要なプロセスの一つであるので，その詳細については次章で解説する．蒸散は樹木の葉からの蒸発を意味し，樹木が吸水した後に気体へと変化するため，生物学的要因により変動する．蒸散の詳細については，1.2節で解説する．

水の森林土壌への浸透や河川への流出プロセスについて詳しくは第2章および本シリーズの第3巻と第7巻でも述べられている．蒸発散量は潜熱フラックスにより求めることができるが，森林流域を単位とすると，水収支を考えることによっても蒸発散量を求めることができる．また，逆に蒸発散量を求め，降雨から差し引くことで，河川への流出を推定することもできる．

流域全体の水収支は，

$$\sum P_r = \sum Q_w + \sum E + S_w \qquad (1.12)$$

$\sum P_r$：降水量[mm]，$\sum Q_w$：河川流出量[mm]，$\sum E$：蒸発散量[mm]，S_w：流域貯留変化量[mm] である．ここでは，今まで見てきた単位とは異なり，比較的長い期間の量を表すため，積算値で示している．S_wを無視できるような期間をとると，降水量と流出量を測定することにより，蒸発散量を推定することができる．

BOX 1.2　水に関わる物理量

水の気化潜熱（latent heat：λ）

水1gを蒸発させるのに必要な熱量［$J\,g^{-1}$］．

$$\lambda = 2500 - 2.4T$$

水の比熱（specific heat capacity）

液体の水1gを1K上昇させるのに必要な熱量．約4.18[$J\,g^{-1}\,K^{-1}$]．

水蒸気圧（water vapor pressure：e）

空気中の水蒸気の圧力（$=e$）［kPa］である．

飽和水蒸気圧（saturation water vapor pressure：e_{sat}）

空気が含むことができる水蒸気の限度であり，これ以上の水蒸気は安定的に存在できない．気温 T [°C] により変化し気温が低いほど小さくなる．飽和水蒸気圧（$=e_{sat}$）[kPa] を求める際に，よく用いられる Tetens のパラメーターによる August の近似式は以下のように示される．

$$\text{水面上：} e_{sat(T)} = 0.61078 \times 10^{7.5\,T/(237.3+T)}$$

$$\text{氷面上：} e_{sat(T)} = 0.61078 \times 10^{9.5\,T/(265.3+T)}$$

飽差（vapor pressure deficit：VPD）

飽和水蒸気圧（e_{sat}）と水蒸気圧（e）との差である．

$$VPD = e_{sat(T)} - e$$

相対湿度（relative humidity：RH）

水蒸気圧（e）の飽和水蒸気圧（e_{sat}）に対する比である．

$$RH = e/e_{sat(T)}$$

比湿（specific humidity：q）

水蒸気密度の湿潤空気の密度（ρ）に対する比である．

$$q = \frac{0.622e}{p-0.378e}$$

混合比（mixing ratio：r）

水蒸気密度の乾燥空気の密度に対する比である．

$$r = \frac{0.622e}{p-e}$$

露点（dew point）

空気を冷却していき水蒸気が飽和に達する温度である．

乾湿計定数（psychrometer constant）

乾球温度と湿球温度を用いて，空気中の温度と湿度を求める温湿度計を乾湿温度計という．乾球温度と湿球温度から湿度を求める際に算出するために必要な定数であり，気圧，定圧比熱，気化潜熱などから実験的に決められている．

$$\gamma = \frac{pC_p}{0.622\lambda}$$

$$e = e_{sat(Twet)} - \gamma\,(T_{dry} - T_{wet})$$

湿潤空気の密度

ボイル・シャルルの法則により，気体の圧力は体積に反比例し，絶対温度に比例する．また，ドルトンの法則によれば，混合気体の圧力はそれぞれの気体の分圧の和に等しい．そこで，湿潤空気の圧力を p [Pa]，密度を ρ [$\mathrm{g\,m^{-3}}$] とし，普遍気体定数を R^*(=8.314)，T を温度 [K]，分子量を m，添字の d が乾燥空気，w が水蒸気を示すとすると，

$$p = p_d + p_w = p_d + e$$

$$p_d = \frac{R^*}{m_d}\rho_d T, \quad e = \frac{R^*}{m_w}\rho_w T$$

$$\rho = \frac{p}{R^* T}\frac{\rho_d + \rho_w}{\rho_d/m_d + \rho_w/m_w} = \frac{m_d p}{R^* T}\left(1 - \frac{m_d + m_w}{m_d}\frac{e}{p}\right)$$

と湿潤空気の圧力と密度の関係を表すことができる．ここで，乾燥空気の分子量（m_d）は 28.964 $\mathrm{g\,mol^{-1}}$，水蒸気の分子量（m_w）は 18.015 $\mathrm{g\,mol^{-1}}$ であり，1 気圧，0℃の条件での乾燥空気の密度が 1293 $\mathrm{g\,m^{-3}}$ であるので，以下のように湿潤空気の密度を表すことができる．

$$\rho = 1293\frac{273.15}{273.15 + T}\times\frac{p}{101.325}\left(1 - 0.378\frac{e}{p}\right)$$

1.1.2　蒸発散過程

水が熱環境を和らげることは前節で述べたが，太陽エネルギーによって水は蒸発し，輸送され循環するとともに，その流れによって物質も輸送されている．海から進化した生物が陸上で活動するには水が必要である．さらに，植物は光合成では得られない，自身の体を構成するために必要な窒素やリンなどの栄養素を水とともに土壌から吸い上げる必要がある．植物は地中から水を吸い上げ，効率よく大気へと戻すという循環を形作っており，気象条件や植生の違いによって水循環の違いが生まれる．

植生の違いによる蒸発散量の違いを調べるときには，気象要素だけで決まる完全湿面からの蒸発量と比べると気象条件の違いを排除できて便利である．蒸発プロセスをモデル化したいくつかの蒸発量の推定式を解説する．

表面温度を T_s の完全湿面を仮定すると，

$$H = \rho C_p g_a (T_s - T_a) \tag{1.13}$$

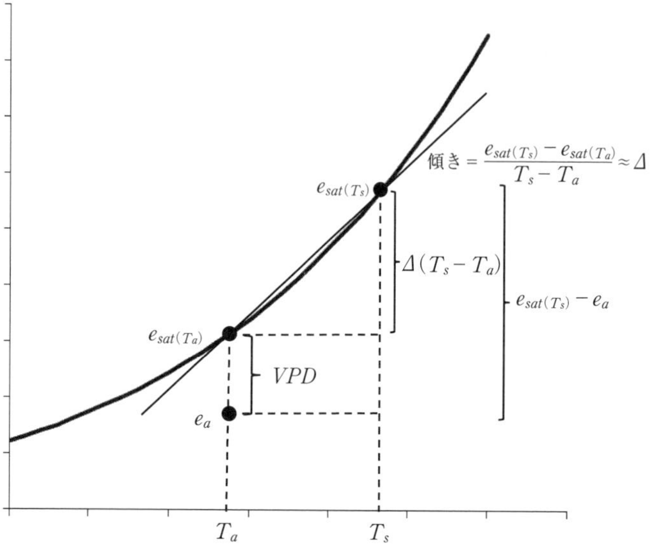

図 1.6　飽和水蒸気圧曲線と Penman の近似

$$E_o = \frac{\rho C_p g_a}{\lambda \gamma}(e_{sat(T_s)} - e_a) \tag{1.14}$$

ここで，空気密度，定圧比熱（$=1.006[\mathrm{J\,g^{-1}K^{-1}}]$），空気力学的コンダクタンス（$g_a\,[\mathrm{m\,s^{-1}}]$），表面温度の情報が必要である．表面温度は容易には測定できないが，Penman による近似を飽和水蒸気曲線の傾き Δ を用いて行うと，

$$e_{sat(T_s)} - e_a = VPD + \Delta(T_s - T_a) \tag{1.15}$$

と書き表すことができる（Penman, 1948）．飽和水蒸気圧曲線とは，空気中に存在できる水蒸気量の限度を温度の関数として表したものであり，気温，表面温度における飽和水蒸気圧を図示すると図 1.6 のようになる．

Penman による近似は図のように，周辺大気の飽差（*VPD*）と飽和水蒸気曲線の傾きから，表面と大気の間の水蒸気圧差（$e_{sat(T_s)} - e_a$）を推定している．これらの式をまとめると，

$$E_o = \frac{\rho C_p g_a}{\lambda \gamma}\{VPD + \Delta(T_s - T_a)\} = \frac{\rho C_p g_a}{\lambda \gamma}\left\{VPD + \Delta \frac{H}{\rho C_p g_a}\right\} \tag{1.16}$$

となり，ここで，熱収支式を用いると，

$$E_o = \frac{\Delta(R_n - S - G) + \rho C_p g_a VPD}{\lambda(\Delta + \gamma)} \tag{1.17}$$

となる．

不完全湿面の場合には，水蒸気が群落から輸送される際の輸送係数として群落コンダクタンス g_c を導入する．同様に飽和水蒸気曲線の傾きを用いて近似を行うと，

$$E = \frac{\Delta(R_n - S - G) + \rho C_p g_a VPD}{\lambda\left\{\Delta + \gamma\left(1 + \frac{g_a}{g_c}\right)\right\}} \tag{1.18}$$

となる Penman-Monteith 式を導くことができる．ここでは純放射量を入力エネルギーとして与えているが，蒸発散の影響による長波放射量の増減の影響を考慮することによって，より正確に蒸発散量を求めることができる．地表面に入力されるエネルギーを Q とし，放射による損失項を考慮した顕熱コンダクタンスを g_{ar} とすると，

$$Q = S_d - S_u + L_d - S - G \tag{1.19}$$

$$g_{ar} = g_a + g_r = g_a + \frac{4\varepsilon\sigma T_a^3}{\rho C_p} \tag{1.20}$$

$$E = \frac{\Delta(Q - \varepsilon\sigma T_a^4) + \rho C_p g_{ar} D}{\lambda\left\{\Delta + \gamma\left(1 + \frac{g_{ar}}{g_c}\right)\right\}} \tag{1.21}$$

地表面温度が高く放射による損失の影響が大きい場合には，こちらの式を用いるほうが良い．

Penman-Monteith 式に表現されている空気力学的コンダクタンスは，主に地表面の粗度と風速に支配される．背が低くなめらかな植生では境界層コンダクタンスは小さく，程よく凸凹とした群落上では空気力学的コンダクタンスは高い．また，群落コンダクタンスは蒸散が行われている個々の葉の気孔開度を積分したような輸送係数を示している．蒸散の輸送係数である気孔開度を表現した個葉レベルでの気孔コンダクタンスの詳細については，本章第 2 節にて

説明する．

Penman-Monteith 式を分解すると，放射が影響する項と影響しない項とに分けることができる．

$$E=\frac{\Delta(R_n-S-G)}{\lambda\left\{\Delta+\gamma\left(1+\frac{g_a}{g_c}\right)\right\}}+\frac{\rho C_p g_a D}{\lambda\left\{\Delta+\gamma\left(1+\frac{g_a}{g_c}\right)\right\}} \tag{1.22}$$

ここで，乖離率 Ω（decoupling factor）と呼ばれる指標を導入すると，

$$\Omega=\frac{\Delta+\gamma}{\Delta+\gamma\left(1+\frac{g_a}{g_c}\right)} \tag{1.23}$$

$$E=\Omega\frac{\Delta}{\lambda(\Delta+\gamma)}(R_n-S-G)+(1-\Omega)\frac{\rho C_p}{\lambda\gamma}g_c D$$

$$=\Omega E_{eq}+(1-\Omega)E_{imp} \tag{1.24}$$

と書き表すことができる（Jarvis and McNaughton, 1986）．E_{eq} を平衡蒸発速度，E_{imp} を強制蒸発速度と呼ぶ．乖離率はほぼ空気力学的コンダクタンスと群落コンダクタンスの比で決定されている．大気と表面との間で熱輸送が盛んに行われ，放射入力にかかわらず蒸発量が決まるような状態，すなわち強制蒸発速度が支配的である状態を結合している（coupling）と呼ぶ．蒸発がどのくらい気孔閉鎖によって調節されているかを調べるには，E の g_c に対する感度を調べる．Jarvis & McNaughton（1986）によれば，Penman-Monteith 式を微分して整理し，次式を得ることができる．

$$\frac{dE/E}{dg_c/g_c}=1-\Omega \tag{1.25}$$

すなわち，乖離率 Ω の値を調べることによって，その場の蒸発散量が，どの程度環境に結合しているか，気孔開度に依存しているかを調べることができる．群落コンダクタンスに比べて境界層コンダクタンスが比較的高い場合には乖離率が増加し，蒸発散量は気孔開度に比較的鈍感となる．

このように，Penman-Monteith 式は蒸発散現象を放射や熱コンダクタンスなどの素過程ごとに分解し，それぞれの項が蒸発散量に定量的にどのように影響するかを示している点で非常に重要である．植生が蒸発散量に与える影響を

調べるには群落コンダクタンスの値を調べるのがよいが，蒸発散量を渦相関法などで測定し，Penman-Monteith 式を逆算することにより求めることができる．この方法で群落コンダクタンスを求めると，30 分程度の高い時間解像度で植物の影響を捉えることができるため，様々な植生での蒸発散プロセス研究に利用されている．

1.1.3　気候と植生分布

植生の影響を比べるためには，気象環境条件により蒸発量が変化してしまうため，気象条件から求められる基準となる蒸発量と比較することが必要である．基準蒸発量としてよく用いられる Priestley-Taylor 式と呼ばれる蒸発の式は，

$$E_{PT} = \alpha \frac{\Delta}{\lambda(\Delta+\gamma)}(R_n - S - G) \qquad (1.26)$$

と表される（Priestley and Taylor, 1972）．ここで，α は Priestley-Taylor 係数とよばれ，多くの植生面上で 1.26 という値をとる．

Bosch & Hewlett（1982）によれば，針葉樹は広葉樹よりも蒸発散量が大きく，利用できる水が少なくなるとの結果が得られていた．しかしながら，Komatsu（2011）は世界中の温帯の蒸発散量のデータを収集し，広葉樹林・針葉樹林の植生の違いによる蒸発散量の違いを検討し，この結果は冬に雨の多い米国やヨーロッパでは正しいが，冬に雨が少ない日本や常緑広葉樹が存在するニュージーランド等では当てはまらないとの結論を得ている．

また，FAO は蒸発散量の基準値として，背丈 0.12 m の仮想的な牧草地からの蒸発量を用いており，この値は Penman-Monteith 式を基に以下のように算出される（Allen *et al.*, 1998）．

$$E_{FAO} = \frac{1}{\lambda}\frac{0.408\Delta(R_n - S - G) + \gamma \dfrac{900}{T+273} u_2 VPD}{\Delta + \gamma(1 + 0.34u_2)} \qquad (1.27)$$

ここで，u_2 は高さ 2 m での風速［m s^{-1}］を示しているが，式を見ると明らかなように，$u_2 = 0$ の時，$E_{FAO} = \frac{0.408}{\alpha} E_{PT}$ の関係がある．Liu *et al.*（2016）は FLUXNET2015 Dataset と呼ばれるフラックス観測ネットワークで公開されているデータを用いて，様々な植生における蒸発散量の E_{FAO} に対する比（K_c）

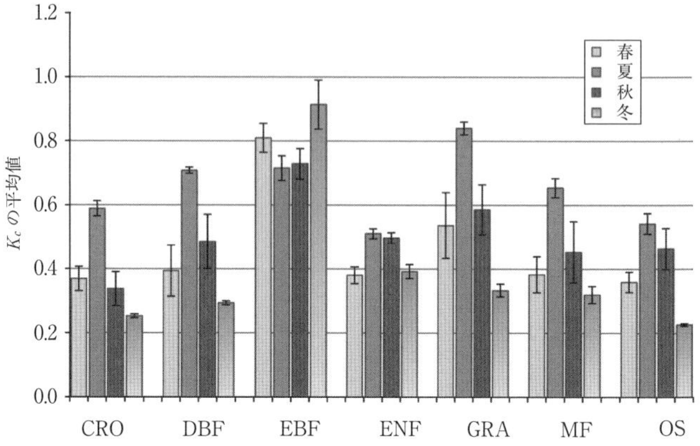

図 1.7　様々な植生上における蒸発散量の E_{FAO} に対する比（K_c）の季節変化
CRO（clop land）：農耕地，DBF（deciduous broad leaf forest）：落葉広葉樹林，EBF（evergreen broad leaf forest）：常緑広葉樹林，ENF（evergreen needle leaf forest）：常緑針葉樹林，GRA（glass land）：草原，MF（mixed forest）：混交林，OS（open shrub land）：灌木林．Liu *et al.* (2016) Fig. 3 より．

の比較を行った（図 1.7）．K_c は 7 月を頂点とする季節変化を示し，植生ごとに大きく異なることが示されている．ここでも夏季は，針葉樹林よりも広葉樹林のほうが比較的蒸発散量が多いことが見て取れる．

近年では Global Terrestrial Evapotranspiration Data Set（MOD16；https://www.ntsg.umt.edu/project/modis/mod16.php）と呼ばれる 1 km メッシュでの蒸発散マップが公開されている．これは，衛星観測から得られる植生指標と気温などの気象再解析データから 8 日平均の蒸発散量を求めたもので，タワーでの渦相関法による蒸発散観測データで検証されている．

1.2　植物によって制御される水文過程

1.2.1　蒸発散と光合成

樹木は図 1.8 に示すような気孔と呼ばれる葉に存在する穴から二酸化炭素を取り込んでいる．この気孔を巧みに調節することで，水の損失を抑えつつ効率よく二酸化炭素を取り込み，光合成を行う．生物は気孔や維管束を進化させ，

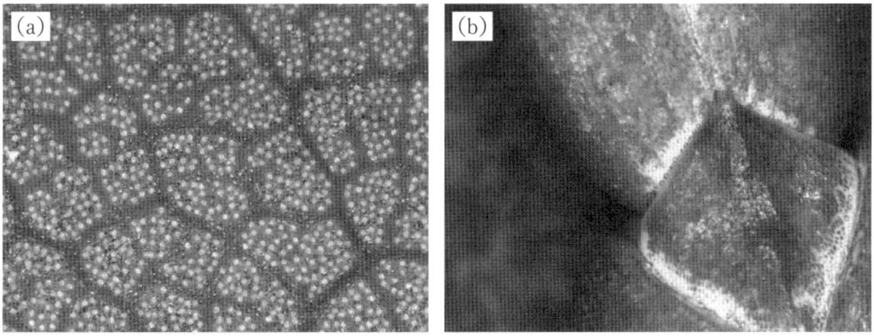

図 1.8　クスノキ（a）とヒノキ（b）の葉の裏面に見える気孔（白い斑点のように見える）→口絵 2

水の流れを制御することによって，海から乾燥した陸上へと進出が可能となったといえる．この節では，この気孔からの蒸発過程である葉からの蒸散および蒸散に必要な吸水過程について詳しく解説する．

蒸散速度は，ガス交換測定装置により測定することができる．主な原理は，葉をチャンバーと呼ばれる密閉箱に入れ，既知の水蒸気濃度の空気を流し，出てきた空気の水蒸気濃度とその流量から蒸散速度を測定するものである（図 1.9）．蒸散速度は葉面積あたりのモル流量で表すことが多い．

$$E_{mol} = \frac{u_{out}\, e_{out} - u_{in}\, e_{in}}{PA} \tag{1.28}$$

根で吸い上げられた水が，葉の気孔から大気へと至る水の輸送過程は，図 1.10 のような模式図に表される．

気孔開度により調節される輸送係数を気孔コンダクタンスと呼ぶ．また葉表面と大気との間の輸送係数を葉面境界層コンダクタンスと呼ぶ．葉面境界層コンダクタンスは風速や葉の形・構造により異なる物理的な要因によって決定される輸送係数である．葉面境界層コンダクタンスは，葉面の状態（粗度）と風速に依存するため，葉面に模した濡れたろ紙からの蒸発量から逆算することにより求めることができる．葉内の蒸発面から大気への輸送係数は蒸散量のほかに，チャンバーの気温，気圧，葉温を測定し，葉内の水蒸気圧を葉温で飽和していると仮定すると求めることができ，上記の葉面境界層コンダクタンスを差し引けば気孔コンダクタンスを求めることができる．

気孔を通して二酸化炭素の交換も行われるため，同様に二酸化炭素濃度を測

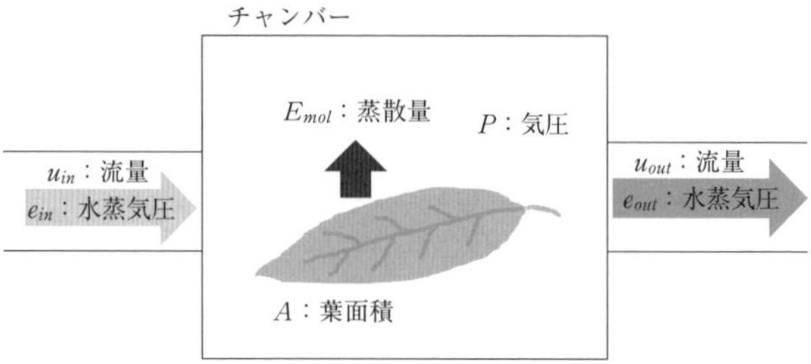

図 1.9　チャンバーによる蒸散量の測定

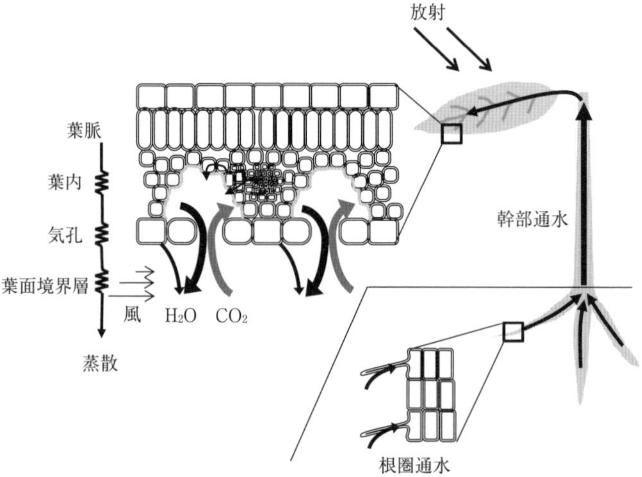

図 1.10　植物から大気への水輸送の模式図

定すると二酸化炭素交換速度，すなわち純光合成速度も測定できる．水蒸気に関する気孔コンダクタンスと二酸化炭素に関する気孔コンダクタンスは分子拡散理論により一定の関係があるので，水蒸気の測定から二酸化炭素に関する気孔コンダクタンスも求めることができる．光合成速度は気孔開度によっても制御されるが，同化材料である葉緑体近傍の二酸化炭素濃度と光エネルギーによって決まる．気孔コンダクタンスがわかれば，葉内間隙の二酸化炭素濃度を逆算することができ，気孔開度の影響を排除した光合成能力の指標である最大炭酸同化能力（maximum carboxylation rate：V_{cmax}）等を求めることができる．

気孔コンダクタンスは植物の二酸化炭素を取り込むスピードを決めており，放射，温度，湿度などの環境条件の他，葉齢，植物自身の水分状態，栄養状態など様々な条件によって変化する．気孔コンダクタンスをモデル化し，刻々と変化する環境条件などから定量的にその値を決めることによって，蒸散速度や光合成速度を推定することが可能となる．

気孔コンダクタンスを表現するためによく利用されているモデルである Jarvis 型のモデルと Ball-Woodrow-Berry 型のモデルについて，以下に紹介する．

A.　Jarvis 型（Jarvis, 1976）

$$g_s = g_{smax}\, f(S)\, g(D_s)\, h(\psi) \tag{1.29}$$

最大コンダクタンス（g_{smax}）から各環境条件が独立に影響するモデルであり，それぞれの影響は 0 から 1 の値をとる関数により表現されている．よく用いられる関数は，日射に関するもの（$f(S)$），飽差に関するもの（$g(D_s)$），水ポテンシャルに関するもの（$h(\psi)$）である．

B.　Ball-Woodrow-Berry 型（Ball *et al.*, 1987）

$$g_s = m\frac{Ph}{c'_s} \tag{1.30}$$

測定された光合成と気孔コンダクタンスの関係から得られた半経験的モデルであるが，広範囲に適用できる．相対湿度ではなく飽差を用いて，より理論的に改良したモデルが，以下のように Leuning（1995）により提案されている．

$$g_s = g_{smin} + m\frac{P}{(c'_s - \Gamma)\left(1 + \dfrac{D_s}{D_0}\right)} \tag{1.31}$$

1.2.2　植物の吸水過程

葉面で蒸散される水は，根から吸収された水が根–茎–葉を通り，供給されている．葉の中では蒸散作用がポンプとして働き，光合成産物を利用した浸透圧（osmotic pressure）を調節して葉脈（vein）から各細胞へと短距離の水輸送が行われている．幹や枝を通るような長距離の水輸送は道管や仮道管と呼ばれる死細胞によって構成された管，およびそれらが集まった木部（xylem）を使って行われており，凝集力（cohesive force）により繋がった水が効率的に輸送されている．道管や仮道管内の水は葉での蒸散作用により引っ張られるため負圧下にある．負圧下にある水は不安定なので，内部の水は気体になりやすい．

気体となるとキャビテーション（cavitation）と呼ばれる空洞化を引き起こす．ひとたび空洞化して壁孔膜を通して気泡が侵入すると，道管に塞栓（embolism）が発生し，そこから先の水輸送は困難となる．根では浸透圧調節により，根毛周囲の土壌から吸水している．このように，生きた植物体内は途切れることなく常に水で満たされており，連続体として水の流れを扱う土–植物–大気連続体モデル（Soil-Plant-Atmosphere Continuum：SPAC）が用いられる．

それぞれに存在するコンダクタンスを，葉面境界層コンダクタンス，気孔コンダクタンス，通水コンダクタンスなどと呼ぶ．

A．水輸送

ハーゲン・ポアズイユの法則から半径 r の円管を流れる輸送距離 ℓ の水フラックス J [$\mathrm{m^3\,m^{-2}\,s^{-1}}$] は，以下のように表される．

$$J=\frac{r^2}{8\nu\ell}\Delta P \tag{1.32}$$

ここで，ΔP は圧力勾配，ν は水の動粘性係数（$=1.0\times10^{-3}$，20°C）である．

幹や枝を通る水の輸送速度は，ある点や面に熱を与え，水の流れの上流と下流での温度分布から水輸送量を推定する手法が用いられる．細い枝などには，枝を取り囲むようにヒーターを取り付け，一定の熱量を与え続け，その周囲の温度差を測定する熱収支法（heat balance method）が用いられることが多い．一方，幹や太い枝などには，辺材部のある一点に熱をパルス状に与えるか，もしくは微小熱を与え続け，周囲の温度差を測定する手法が用いられる．熱収支法では，断熱状態の幹枝内での熱収支から計算するので，幹を通過する水の全量を求めることができるが，ヒートパルス法（heat pulse method）などでは，あくまでその点の水の移動速度を推定できるのみである．したがって，ヒートパルス法などを用いて蒸散量を推定する際には，辺材部の速度の分布を測定し，積分して全量を求める必要がある．

B．水貯留

葉の水分状態の指標として，相対含水率（relative water content）がよく使用される．

$$\theta_l=\frac{FM-DM}{FM_s-DM} \tag{1.33}$$

これは，水で飽和したときに比べてどの程度の水を保持しているかを表す．葉の相対含水率の測定は，まず葉をサンプルした後，すぐに重量を測定し(FM)，水を十分に吸収できる状態においた後の重量 FM_s を測定する．この時，低温状態においておくなどし，代謝による重量の減少をできるだけ防ぐことに注意する．DM は 70～80 度の通風乾燥機内で乾燥させた後，測定した重量である．この指標は簡単に測定できるために，便利な指標であるが，単に保持している水の量の過不足を表しているのであり，水の失いやすさは次に示す水ポテンシャルがよい指標となる．

植物や土壌の水輸送を考えるときには水ポテンシャルを指標として用いるのがよい．水ポテンシャルは，ある系の水の化学ポテンシャル（μ_W）と純水の化学ポテンシャル（$\mu^0{}_W$）との差として定義され，水ポテンシャルの高い系から，低い系へと水は輸送される．

$$\psi = \frac{\mu_W - \mu^0{}_W}{V_W} \qquad (1.34)$$

植物体や土壌のある系の水ポテンシャルは次のようにいくつかの要素に分けて表される．単位は通常圧力（MPa）で表される．

$$\psi = \psi_\pi + \psi_p + \psi_g \qquad (1.35)$$

浸透ポテンシャル ψ_π は，系内に溶けている溶質の濃度で決まる値であり，正負を反転した浸透圧としても表記される．

$$-\psi_\pi = \Pi = RTc_s \qquad (1.36)$$

ここで，c_s は 10^3 kg の溶媒あたりの溶質のモル数 [mol(溶質)10^3(溶媒)kg^{-1}] である．圧力ポテンシャル ψ_p は，膨圧などにより変化する値であり，正にも負にもなる．

重力ポテンシャル ψ_g は基準高との高度差（h）により生じる位置エネルギー差によって決まり，基準高よりも高い位置にあれば正の値，低ければ負の値をとる．水の密度を ρ_W，重力加速度を g とすると，

$$\psi_g = \rho_W g h \qquad (1.37)$$

である．重力ポテンシャルは 0.001 MPa m^{-1} の割合で増加するため，樹高の

高い木では必ず考慮する必要がある．

樹木内の水輸送については，水ポテンシャル差と通水コンダクタンス（G）から計算できる．

$$J = G(\psi_s - \psi_l) \tag{1.38}$$

蒸散速度と葉への水流入が釣り合っているときには，この式はそのまま蒸散速度を表すことになるが，実際には葉での水貯留（W_l）を考えて，

$$\frac{dW_l}{dt} = J - E \tag{1.39}$$

葉の貯留が葉の水ポテンシャルに対して一定（$=C$）であると仮定すると，

$$\frac{d\psi_l}{dt} + \frac{G\psi_l}{C} = \frac{G\psi_s - E}{C} \tag{1.40}$$

となる．これは，一次の微分方程式であり，数学的に解くことができる．コンダクタンスや貯留量が一定の時，蒸散量の変化に応じて葉の水ポテンシャルがどのように時間変化をするのかを表すことができる．

水ポテンシャルの測定には，プレッシャーチャンバー法（pressure chamber method）と呼ばれる手法を用いる．これは，測定したい部位を圧縮空気などにより加圧し，自由水が出てきたときの圧力を水ポテンシャルとして計測するものである．

1.3　林内環境と植物との相互作用

本章第1節では，森林を一枚の葉とみなすような単一の物質交換面を仮定し，蒸発散と気象環境条件との基礎的な関係についてみてきた．実際の森林群落内では，気孔コンダクタンスや蒸発散の駆動力となる飽差は，鉛直方向に分布（profile）を持つ．1.2節で見たように，気孔コンダクタンスは放射や飽差などの要因によって制御されているので，森林群落の蒸発散を精密に推定しようとすれば，これらの鉛直プロファイルを考える必要がある．

また，蒸発散が行われることによって，飽差の鉛直分布や葉温などが変動するため，大気–植物間の相互作用を考慮する必要がある．本節では森林群落と

いう複雑な構造の中で蒸発散がどのように行われているのかを，森林群落を多層に分割し，群落蒸発散を推定する多層モデルについて紹介しながら解説する．

1.3.1　群落構造と群落内放射／気温／湿度／風速分布

植物は光合成を行うので光が必要であり，光を巡る競争により群落構造ができあがる．林内放射環境は森林群落の樹高分布や種構成により異なる．森林群落内では主に葉によって光が遮られるので，葉の量や配置が放射伝達（radiation transfer）にとって重要である．さらに林内放射環境を考えるうえでは，葉の投影面積が重要になってくるため，葉の量は葉面積指数（leaf area index：LAI $[\mathrm{m\,m^{-2}}]$）と呼ばれる地表面あたりの葉の面積で表される．葉が一様に配置されている場合，そこを通過する放射はベールの法則（Beer's law）により推定できる．

$$I = I_0 e^{kLAI} \qquad (1.41)$$

ここで，k は吸光係数，I は群落内放射強度，I_0 は群落上端の入力放射強度である．吸光係数は葉の性質や角度によって変化する．森林群落内での葉の分布により短波放射，長波放射がそれぞれ吸収されたり反射することを繰り返し，放射伝達が行われている．本来，放射伝達は3次元で扱うべきものであるが，森林群落では簡単のために水平方向に一様と仮定することが多い．鉛直1次元をいくつかの層に分けて，各層毎の上下方向の伝達のみを考える2成分モデルが利用される．太陽高度と葉の配置が決まれば，各層に入力される放射は幾何学的に計算できる．短波放射の放射伝達は主に葉の幾何学的配置や葉の反射率・透過率等の物理学的性質によって決まるため，それに基づき，短波放射量の分布が決定できる．長波放射は物質の温度によって決定されるので，葉（熱交換面）の温度を知る必要がある．

群落内の放射伝達を計算することによって，各層の入力放射量が決まり，各層における入力日射量，気温，湿度などを基に熱交換係数（葉面境界層コンダクタンスや気孔コンダクタンス）が決定される．

葉の温度は熱収支がバランスするように決定されるため，潜熱フラックスや顕熱フラックスを決定する必要がある．潜熱フラックスや顕熱フラックスは葉

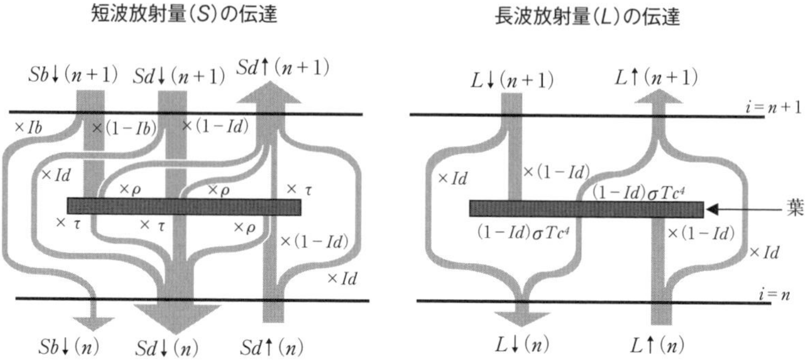

Sb：短波放射の直達成分
Sd：短波放射の散乱成分
L：長波放射
Ib：直達成分の通過する確率
Id：散乱成分の通過する確率

τ：日射における葉の透過率
ρ：日射における葉の反射率
σ：Stefan-Boltzmann 定数
Tc：葉温

図 1.11　二成分放射伝達モデル

温によっても変化するため，熱収支と放射収支がバランスするように逐次計算し，定常状態における気温・葉温・飽差・潜熱フラックス・顕熱フラックスの鉛直プロファイルを決定する．

森林群落内では葉や枝幹などが抵抗となり，不規則な乱流構造となっている．風速の鉛直勾配などにより乱流拡散が決まり，潜熱フラックスや顕熱フラックスへの熱分配が決定されるため，森林群落内での風速分布も気温や湿度分布を決定する重要な要因である．風速の分布はナビエ・ストークス方程式（Navier–Stokes equations）から導かれるが，複雑な非線形方程式のため厳密解を求めることができない．したがって，求める必要のある風速分布の厳密さに応じて，いくつかの近似が行われたり，高性能な計算機を使って数値解を求めたりすることが行われる．

葉面では気孔を介した蒸散が行われるだけでなく，雨雪や結露によって葉面に水がもたらされ，蒸発も行われている．雨についても放射伝達と同様に考え，遮断蒸発をモデル化することができる．葉面に貯留された雨水は完全湿面からの蒸発と捉えれば，葉面からの蒸発量を計算することができる．

森林内では，本節で見てきたように，熱交換や蒸発散が行われる場も複雑に配置されている．二酸化炭素濃度も湿度と同様に森林内での風速分布や呼吸量

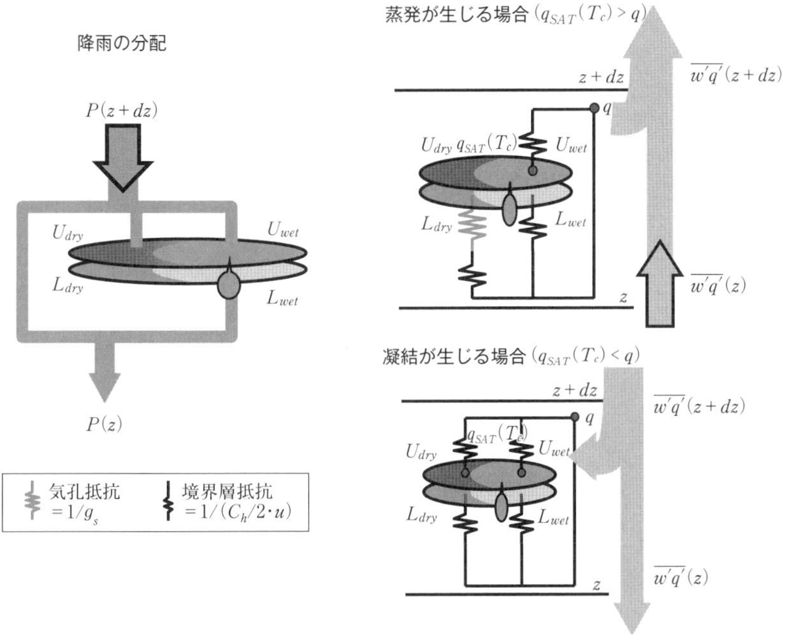

図 1.12　葉面での水および水蒸気の流れ

や光合成量によって異なり，また光合成量そのものが二酸化炭素濃度によって変化するため，葉面や土壌面での二酸化炭素交換量とともに計算する必要がある.

1.3.2　二酸化炭素濃度と蒸発散の関係

高等植物史を長い目で見ると，近年の地球上の二酸化炭素濃度は低い状態にあり，植物にとっては光合成の制限要因となっている．しかしながら，19 世紀以降の化石燃料の使用により，急速に二酸化炭素濃度が上昇し，現在の地球は人類史上例を見ない高二酸化炭素濃度条件下にあり，その気候変動や森林植生の変化に与える影響を科学的に解明することが世界の喫緊の課題となっている．二酸化炭素濃度が高いと光合成の基質が増え，光合成量は増加する．一方で植物は急激な二酸化炭素濃度の上昇に対しては，二酸化炭素の吸収よりも水消費の抑制を優先させ，気孔を閉じ気味にしようとすることが実験の結果などから明らかになっている.

この現象は二酸化炭素施肥効果と呼ばれているが，自然生態系において，高二酸化炭素濃度がどの程度，光合成量や蒸発散量に影響を及ぼすのかは，未解明の部分が多い．前節までに解説してきたような森林群落の蒸発散や光合成を再現するようなモデルを用いて，渦相関法による観測によって得られた蒸発散量や二酸化炭素フラックスデータから逆推定することにより，植物個葉の気孔開閉特性や二酸化炭素固定能力の季節変動特性や年々変動を連続的に推定することができる．

世界各地の渦相関法によるフラックスデータから植物の特性を解析し，近年上昇し続ける二酸化炭素濃度が，どの程度，群落の光合成や水利用効率に影響を与えているのかを推定した研究がある（Ueyama *et al.*, 2020）．その結果によれば，2001 年から 2014 年の間に全陸域生態系の総光合成量（gross primary production：GPP）は大気二酸化炭素 1 ppm 増加に対して約 0.14% 増加し，総量では 1.2% 増加していた．また蒸発散量は大気二酸化炭素濃度 1 ppm の増加に対して，約 0.073% 減少していた．この結果はタワー観測から得られたデータを用いて得られた結果であるため，この 15 年ほどのトレンドを示していると言える．今後さらに進行する高二酸化炭素環境下において，どのように森林の蒸発散量や総光合成量が変化していくのかを予測していくためには，本章で示したような観測技術，あるいはさらに発展させた技術を用いて森林における多岐にわたる蒸発散・光合成素過程を精緻に測定し，高二酸化炭素濃度が森林に与える影響をメカニズムに基づき理解し，人間社会に与える影響を考えていく必要がある．

おわりに

「水の低きに就くが如し」とは孟子の言葉であるが，たしかに液体の水は地球上においては重力にひかれて，高いところから低いところに流れていく．ではなぜ，そもそも高いところに水があったのかというと，太陽エネルギーにより水が蒸発し大気となり，上空で雨や雪となって再び地上に戻って来たからである．水はこのように地球上で絶えず循環しており，この循環が生命体を陸上へと発展させたといっても過言ではない．この章で見てきたように，森林にお

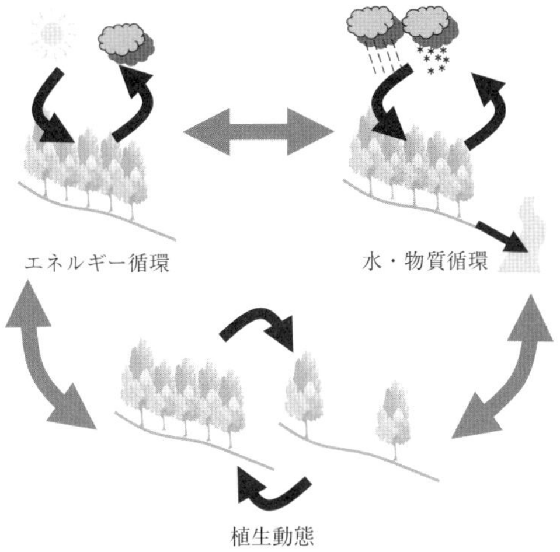

図 1.13　水・物質・エネルギー循環場として変動する森林

いて水はエネルギー循環，物質循環などに非常に大きな役割を担っている．植物は自らが成長するために，地中の水を効率的に吸い上げ，これらの循環をさらに促しており，森林は複雑な循環を形作っている．「誰も同じ川に二度入ることはできない」（ヘラクレイトス，circa 500 BC）といわれるように自然界は万物流転の様相を呈している．気候変動や，人為的な土地利用改変によって，変動する地球規模での環境問題を考えるうえで，水の果たす役割は大きく，上記のエネルギー循環，水／物質循環，植生動態のそれぞれだけを考えるだけでなく，これらの相互作用を考えつつ，森林と水との関わりを詳細に明らかにしていくことが重要である．

引用文献

Allen, R. G., Pereira, L. S., Raes, D. *et al.*（1998）Crop evapotranspiration——Guidelines for computing crop water requirements——FAO Irrigation and drainage paper 56, 1–15.

Ball, J. T., Woodrow, I. E. & Berry, J. A.（1987）A Model Predicting Stomatal Conductance and its Contribution to the Control of Photosynthesis under Different Environmental Conditions. In : *Progress in Photosynthesis Research.* pp. 221–224, Springer. https://doi.org/10.1007/978-94-017-0519-6_48.

Bosch, J. M. & Hewlett, J. D.（1982）A review of catchment experiments to determine the effect of vegetation changes on water yield and evapotranspiration. *J. Hydrol.*, **55**, 3–23. https://doi.org/10.1016/0022-1694 (82) 90117-2.

Foken, T., Aubinet, M., Finnigan, J. J. *et al.* (2011) Results of A Panel Discussion About The Energy Balance Closure Correction For Trace Gases. *Bull. Am. Meteorol. Soc.*, **92**, ES13–ES18. https://doi.org/10.1175/2011BAMS3130.1.

Jarvis, P. G. (1976) The Interpretation of the Variations in Leaf Water Potential and Stomatal Conductance Found in Canopies in the Field. Philos. *Trans. R. Soc. B Biol. Sci.*, **273**, 593–610. https://doi.org/10.1098/rstb.1976.0035.

Jarvis, P. G. & McNaughton, K. G. (1986) Stomatal Control of Transpiration: Scaling Up from Leaf to Region. *Adv. Ecol. Res.*, **15**, 1–49. https://doi.org/10.1016/S0065-2504 (08) 60119-1.

Komatsu, H., Kume, T. & Otsuki, K. (2011) Increasing annual runoff-broadleaf or coniferous forests? *Hydrol. Process.*, **25**, 302–318. https://doi.org/10.1002/hyp.7898.

Leuning, R. (1995) A critical appraisal of a combined stomatal-photosynthesis model for C3 plants. *Plantz Cell Environ.*, **18**, 339–355. https://doi.org/10.1111/j.1365-3040.1995.tb00370.x.

Liu, C., Sun, G., McNulty, S. G. *et al.* (2016) Environmental controls on seasonal ecosystem evapotranspiration/potential evapotranspiration ratio as determined by the global eddy flux measurements. *Hydrol. Earth Syst. Sci. Discuss.*, **5159498**, 1–28. https://doi.org/10.5194/hess-2016-237.

Penman, H. L. (1948) Natural Evaporation from Open Water, Bare Soil and Grass. *Proc. R. Soc. A Math. Phys. Eng. Sci.*, **193**, 120–145. https://doi.org/10.1098/rspa.1948.0037.

Priestley, C. H. B. & Taylor, R. J. (1972) On the Assessment of Surface Heat Flux and Evaporation Using Large-Scale Parameters. *Mon. Weather Rev.*, **100**, 81–92. https://doi.org/10.1175/1520-0493 (1972) 100 ⟨0081:OTAOSH⟩ 2.3.CO;2.

Stoy, P. C., Mauder, M., Foken, T. *et al.* (2013) A data-driven analysis of energy balance closure across FLUXNET research sites: The role of landscape scale heterogeneity. *Agric. For. Meteorol.*, **171–172**, 137–152. https://doi.org/10.1016/j.agrformet.2012.11.004.

Ueyama, M., Ichii, K., Kobayashi, H. *et al.* (2020) Inferring CO_2 fertilization effect based on global monitoring land-atmosphere exchange with a theoretical model. *Environ. Res. Lett.*, **15**, 084009. https://doi.org/10.1088/1748-9326/ab79e5.

Wilson, K., Goldstein, A., Falge, E. *et al.* (2002) Energy balance closure at FLUXNET sites. *Agric. For. Meteorol.*, **113**, 223–243. https://doi.org/10.1016/S0168-1923 (02) 00109-0.

第2章 森林による降雨の分配

南光一樹

はじめに

森林に降った雨は，その大半がやがて渓流へと流れ込んでいくが，渓流にたどり着くまでには様々な経路を通過しなければならない．葉や枝からなる樹冠を通過し，林床植生やリター層を通過し，土壌表面を流れ，土壌中にしみ込んで土壌中を移動し，ときには地下水として涵養され，ようやく渓流へと到達する（図 2.1）．それぞれの経路で雨の一部が捕捉されて量が減っていく．したがって森林は基本的には，流れ出す雨の量を減らす効果を持っている．たとえば傾けたトレイに雨が降った場合，降水のほぼ 100% がトレイから流れ出していくが，森林斜面ではトレイの上に土壌があり，土壌の上に森林があり，さらにトレイにヒビや穴が空いているため，トレイからの水の流出は量も減り，時間的な変化をもたらす．雨に対する水流出の応答における森林の役割を明らかにすることが，森林水文学の目的の一つである．

本章では，雨を主人公として，森林流域に降った雨が渓流水として流れ出すためにクリアしなければならない経路について順を追って説明する．森林流域を地上部と地下部に分け，雨が地表に到達するまでを 2.1 節にて，地表到達後に渓流に流れ出すまでを 2.2 節にて説明する．

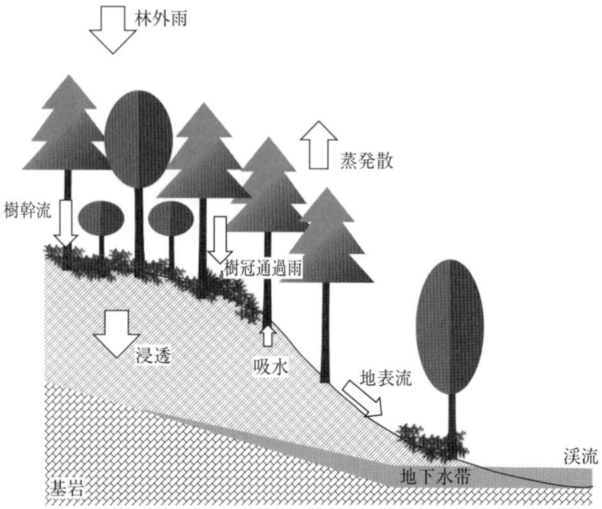

図 2. 1　森林のある山地斜面による雨の分配

2. 1　森林植生による降雨の分配

森林に降り注いだ雨は，そのすべてが地面に到達するわけではなく，樹冠に遮られた一部の雨水は失われていく．この遮断損失（interception loss）は 19 世紀末から報告が蓄積され，現在でも多くの報告がなされている．世界中の報告をまとめると，遮断損失量は年間降水量のうち 10～50% に至り（Roth *et al.*, 2007），それだけの量の降水が地上部だけで失われている．

雨が地表に到達するまでの経路を整理する（図 2. 2）．森林に降る雨を林外雨（gross rainfall, open rainfall, incident rainfall）と表現する．林外雨は，まず葉や枝を濡らし，樹冠に貯留される．その一部は蒸発して大気に戻り，もしくは葉，枝，幹などの植物体に吸収される．遮断損失はこの蒸発量と吸収量の双方を併せたものとなる．そして残りが林内雨（net precipitation）へと分配される．林内雨は，樹冠層を通過して雨として降ってくる樹冠通過雨（throughfall）と，幹を伝って地面に達する樹幹流（stemflow）の二つからなる．樹冠通過雨はさらに細かく分けられる．葉や枝に触れずにそのまま通過してくる直達雨（free throughfall, direct throughfall）と，葉や枝に触れたあとに落ちてく

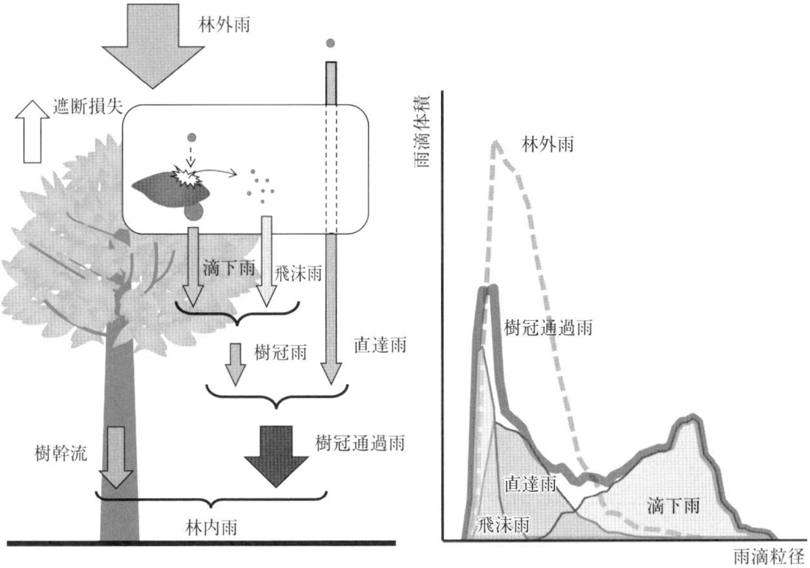

図 2.2　樹冠による雨の分配および林外雨と樹冠通過雨の雨滴粒径分布
Levia *et al.*（2017）の改変.

る樹冠雨（release throughfall）とからなる．さらに樹冠雨は，雨滴が葉や枝にぶつかって砕けてできる飛沫雨（splash throughfall）と，葉や枝で雨滴同士が結合して大粒となる滴下雨（canopy drip）からなる．以上より，樹冠通過における水収支の基本式は式（2.1）で整理される．

$$P_G = P_N + IL_C = TF + SF + IL_C \qquad (2.1)$$

ここで，P_G は林外雨量，P_N は林内雨量，IL_C は樹冠による遮断損失量，TF は樹冠通過雨量，SF は樹幹流下量である．

なお，「じゅかん」という読みで「樹冠」と「樹幹」の二つがあるのが紛らわしいので注意しなくてはならない．また樹冠通過雨のことを林内雨と言うことがあるが，これは正しくないので注意が必要である．

2.1.1　樹冠貯留と樹冠遮断損失

樹冠が濡れることにより樹冠内に水が蓄えられることを樹冠貯留といい，その貯留量と最大貯留容量をそれぞれ樹冠貯留量 C_C（canopy storage），樹冠貯留容量 S_C（canopy storage capacity）という．貯留容量を超えた雨は林内雨として樹冠の下へと配分され，配分されなかった量が遮断損失量となる．樹冠貯留量は樹冠貯留容量を超えない範囲で変化し，降雨により増加し蒸発により減少する．

降雨中は湿度が高いため，降雨中には蒸発は起こらず，降雨終了後に濡れた葉や枝から蒸発する量が樹冠からの蒸発の大半だと思われがちだが，実はそうではない．降雨中でも相対湿度が100％とならず，小さいながらも蒸発要求があるため，降雨中にも蒸発は起きる．そこで樹冠遮断損失量 IL_C は，降雨イベント中の蒸発 E と降雨イベント終了後の蒸発の二つで整理することができる（Klaassen *et al.*, 1998）．降雨イベント終了後の蒸発量を，降雨イベント終了時の樹冠貯留量 C_e（e は end の頭文字）とみなすと，

$$IL_C = E + C_e \qquad (2.2)$$

となる．林外雨量が樹冠を濡らしきるくらい十分に大きい場合は，C_e は樹冠貯留容量 S_C とほぼ等しくなる．そうでない場合には C_e の推定が必要となる．

推定方法の一つは，樹冠を一つのタンクとみなし，樹冠が濡れきるまで（$C_C < S_C$）の間は，葉や枝からは雨が生成されず，直達雨のみが降ってくると仮定する（Klaassen *et al.*, 1998）．もう一つは，C_C が指数関数的に増加して S に近づき，その間も葉や枝から雨がこぼれ落ちることを仮定する．この場合 C_C は式（2.3）で推定する（Aston, 1979）．

$$C_C = S_C\{1 - \exp(-\gamma P_g)\} \qquad (2.3)$$

ここで，$\gamma = (1-p)/S_C$，p は直達雨率（林外雨量に対する直達雨量の比）である．一つ目の方法は実態に即していないがシンプルで計算しやすく，二つ目の方法は実態に即しているが，p に推定値を使わなければならない．

樹冠貯留量は，環境要因（降雨強度，風の強さ，気温）や枝葉の特性（葉の形状，撥水性，樹皮と葉表面）によって変動する．降雨強度や風が弱く（＝枝葉が揺れずに安定し，小粒径の雨滴が貯留されやすい），気温が低く（＝水の粘性が高い），植物表面の撥水性が低い（＝水が表面に留まりやすい）条件で樹冠貯留量は大きくなる．

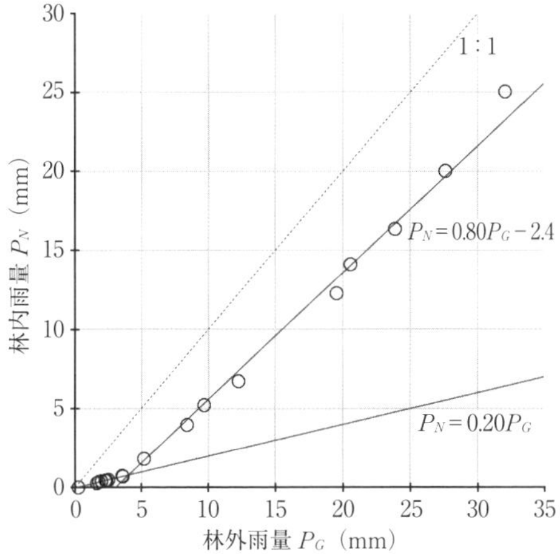

図 2.3　仮想の森林における林外雨量と林内雨量
（＝樹冠通過雨＋樹幹流）の関係

樹冠貯留量の変化を実測する方法は難しい．直接的な方法は，降雨中の樹木の重量変化の測定で，樹木を根元付近で切り，切った樹を釣り上げてロードセルやばねばかりで秤量する（Teklahaimanot & Javis, 1991）．間接的な方法は，降雨中の樹木重量増加にともなう樹木の変位や幹の振動特性の変化からの推定（Friesen *et al.*, 2008, van Emmerik *et al.*, 2017）や，林分に照射したガンマ線やマイクロ波の減衰からの推定（Calder & Write, 1986；Bouten *et al.*, 1991）などがある．樹木スケールでの測定が困難な場合は，採取した枝，葉，樹皮を用いて，人工降雨にさらす実験（Aston, 1979；Holder, 2012）や，水に浸す実験（Iida *et al.*, 2017）により付着できる水の量を推定する．

その他の間接的な方法として，林外雨と林内雨の量から推定する方法がある（Link *et al.*, 2004；Pypker *et al.*, 2005）．降雨イベントごとに林外雨と林内雨の量を散布図で描くと，樹冠遮断損失があるため通常は，林内雨は林外雨よりも量が少ない（図 2.3）．特に降雨量が少ないイベントでは，林内雨の量が極めて小さい．降雨初期や降雨量の小さいイベントでは林内雨は主に直達雨からなり，樹冠が濡れきったあとは樹冠雨と樹幹流が充実してくるプロセスを踏まえ，2 本の回帰直線を得る．この回帰直線から，樹冠貯留容量と直達雨率を推定する．図 2.3 からは，直達雨率が 20% であること，樹冠雨と樹幹流が充実して発生するのに 4 mm の林外雨が必要で，3.2 mm の遮断損失が起きることなどが推定できる．林外雨と林内雨の時間変化が得られている場合には，同様の方法で降雨イベントごとの樹冠貯留量や直達雨率を推定することも可能である．

2.1.2　樹冠通過雨

樹冠層を通過できた雨は，樹冠通過雨となって林内に降り注ぐ．樹冠通過雨は，枝や葉にふれたことにより林外雨と違う特徴を獲得する．すなわち林外雨に比べて，量が少ない，降り始めと降り終わりが遅い，その量の空間的なばらつきが大きい，雨滴の粒径分布や落下速度が異なる，という特徴を持つ．樹冠内で雨を集めて再配分されるため，たとえば枝がしなって下に凸のような形になっている場合，その場所での滴下雨が大量になり，周囲に比べて大量の樹冠通過雨が降り注ぐことになる．その場所に限っては林外雨よりも多い雨量が観測されることとなり，このような場所を集中滴下点（drip point）という．また林冠にギャップがある場合は，直達雨が相対的に多くなり，樹冠に覆われている場所と樹冠通過雨量が違う．特に降雨イベント初期や降水量の小さいイベントで，ギャップ部分の樹冠通過雨量は多くなる．このような樹冠通過雨のばらつきが，土壌中の根や微生物群集の分布や林床植生の分布などに影響を与えると言われている（Ford & Deans, 1978；Wilkinson & Anderson, 2001）．式（2.1）に従い林外雨量，樹冠通過雨量，樹幹流下量を測定することで遮断損失量を計算するには，正確な樹冠通過雨量の定量が必要である．したがって，樹冠通過雨の空間分布の特徴を知る必要性がある．

樹冠通過雨量は非生物的要因と生物的要因の影響を受けて決まる（Levia & Frost, 2006）．一般的には枝葉の量が少ないときに樹冠通過雨量は増える．しかし，多くの要因が複雑に絡みあうため，樹冠通過雨量のピンポイントな予測には至っていない．葉の量や枝の配置や樹形によって，空間的なばらつきが生じる．風向きによっては，より多くの水を樹冠で集水することもある．霧が発生すると，林外雨量は測定されないのに，葉や枝が霧を集め，樹冠貯留が始まり，滴下雨を生み出し，樹冠通過雨（や樹幹流）のみを発生させる「樹雨《きさめ》」と呼ばれる現象を引き起こすこともある．よって，霧がよく発生する場所では，式（2.1）により計算される遮断損失量が負の値になることもある（眞山, 1923）.

林外雨と異なる樹冠通過雨の別の特徴として，雨滴の変化がある．飛沫雨は林外雨よりも小さな雨滴を生み，滴下雨は林外雨よりも大きな雨滴を生む．雨滴体積を用いて雨滴粒径分布を描くと，林外雨では単峰性の分布となるのに対し，樹冠通過雨は二峰性の分布を持つ（Nanko *et al.*, 2006, 図 2.2）．林外で稀な粒径 3 mm 以上の雨滴が頻繁に発生し，大きな衝撃エネルギーをもって地面に達する．林内外の粒径分布の違いを活用して，樹冠通過雨を直達，飛沫，滴下の 3 種類の構成比として分類し（Levia *et al.*, 2019, 図 2.2），降雨の樹冠通過プロセスの解明に役立てていくことが期待される．

林外雨や樹冠通過雨を測定するには，雨量計を設置するのが主である．バケツやボトルの上に漏斗を取り付けた貯水型雨量計が最もシンプルな雨量計である．降雨後にボトルの中の水の体積を測り，集水面積で除することで雨量が求まる．この方法は安価であり，回収時の間に降った雨の総量はわかるが，その間の降雨イベントの数やイベント中の降雨強度の時間変化を把握することができない．そこで時間変化を知るためによく使われるのが転倒ます型雨量計である．ししおどしに似た原理を使っており，一定量の雨が「ます」に降り注ぐと重くなって「ます」が転倒し，もう片方の「ます」が雨を受けるようになる．この転倒時刻（もしくは一定時間の間の転倒回数）をロガーで記録することで，降雨の時間変化を把握する仕組みである．

転倒ます型雨量計には課題があり，降雨強度が強い状況下では転倒している間にも雨が降り注ぎ続けて「ます」を越流してしまうことがあるため，実際の雨量よりも過小となる．そのため正確な雨量を知るために，貯水型雨量計との併用や，室内実験に基づく補正を行う必要がある（白木・大和，2005；Iida *et al.*, 2020）．樹冠通過雨の測定では集水部の目詰まりを防ぐために定期的な清掃やゴミよけネットの設置が必須である．またアリやクモが測器内に巣を作ることもあり，定期的な点検が望まれる．

樹冠通過雨は空間的なばらつきが大きいため，雨量計の数が少ないと正確な樹冠通過雨量の把握ができない．そのため受水面積を大きくする必要がある．具体的な手法としては，(1) 雨量計をたくさん設置する，(2) 雨量計の上部にといを設置して受水面積を増やす，(3) 林床の上にシートを設置し，ある面積に降る雨をすべて回収する，(4) 雨量計の設置位置を定期的に変えて測定地点数を増やす方法がある．(1) は回収時に手間がかかる，(3) は設置に手間がかかり土壌への雨の入力をシャットアウトしてしまうため植生への影響が大きい，という理由もあり，(2) が一般的な方法となっている．

2.1.3　樹幹流

樹冠を濡らし，滴下せずに枝を伝って幹に到達した雨の大半は，幹を伝って樹幹流として地表へと到達する．ただし幹から再度枝に配分されたり，めくれた樹皮から滴下したりして樹冠通過雨となるものもある．樹幹流は平均的には降水全体の 1〜10% を占める．流域全体などの広い範囲で見た場合，量としての貢献は少ないように見えるが，幹の周囲の狭い範囲に集中的に流下し，さらに水質の大きな違い（林外雨や樹冠通過雨に比べて圧倒的に多くの物質が溶けている）により，地下水涵養や物質循環の点で影響が大きい（Tanaka *et al.*, 1996）．

樹幹流による雨の集中を表す指標として，幹の面積にどれだけの雨が集中しているかを表現する，幹集水比 F（funneling ratio）がある（Herwitz, 1986）．

$$F = \frac{SF_Y}{P_G \cdot B} \tag{2.4}$$

ここで，SF_Y は樹幹流の体積（L），B は幹の胸高断面積（m^2）である．幹に比べて樹冠は広く，樹冠の先にある枝葉で集めた雨が，枝を伝って幹に到達し，幹から流れ落ちてくるため，樹木は漏斗のように雨を集める効果がある．幹集水比はときには 100 を超え，このとき，樹木がない場合に比べて幹の根元に 100 倍以上の水を集めることを意味する．さらに言えば，胸高断面積よりも小さな，根元の限られた面積に水が集まることが多く，この浸透部分に対する幹集水比はさらに高くなり，より多くの水が集中的に土壌に浸透していくこととなる（Carlyle-Moses *et al.*, 2018）．

樹幹流下量を調べるためには，幹にといをつけて水を集め，その量を測定する．といの作り方はいくつかあるが，背割りしたホース，上端を斜めに切って溝を作ったウレタンマット，中をくり抜いたプランターの受皿などを幹に巻きつけ，幹との接着部分から水がもれないようにコーティングする．集めた水を，貯水型雨量計や転倒ます型雨量計に導水し，量を測定する．森林流域における樹幹流量は，対象エリアのすべての樹木からの樹幹流量（m^3）を対象面積（m^2）で除すれば求められる．

$$SF = \frac{1}{A}\sum_{i=1}^{N_{tree}} SF_{Y,i} \tag{2.5}$$

ここで，A は対象面積（m^2），N_{tree} は樹木本数である．しかし，すべての樹木で樹幹流測定を行う（たとえば Manfroi *et al.*, 2004）のは大変な労力であるため測定木を選別することが多い．樹木サイズと樹幹流量がよく対応することから，対象となった樹種を胸高直径ごとのグループに分け，その中から数本の樹木で樹幹流を測定してグループごとの平均的な樹幹流下量を求めて，流域全体に適用させる．

樹幹流の発生については，多くのレビューがあり（Levia & Frost, 2003；Levia & Germer, 2015；Carlyle-Moses *et al.*, 2018），樹冠の大きさ，葉の形状と方向，枝の角度，樹皮，林冠ギャップ，風などの影響を受け，樹冠通過雨に比べて樹種間の差異が大きいことが知られている．たとえば，樹皮がなめらかな樹種（たとえばケヤキ）は，樹皮の凹凸が大きな樹種（たとえばアカマツ）よりも樹幹流下量が多い．枝の傾き，幹の傾き，葉と枝の量や樹形なども影響する．また，風が強いときのほうが横殴りの雨を幹や枝葉で集めやすいため樹幹流下量が多くなることもある．現段階では，樹木単位で樹幹流下量を推定する方法は見いだされていない．林分スケールの日本のスギ・ヒノキ人工林における樹幹流推定モデルが開発されている（Jeong *et al.*, 2020）．

2.1.4　樹冠遮断過程のモデル

樹冠遮断現象にかかる，樹冠通過雨量，樹幹流下量，樹冠遮断損失量を推定するにはモデルが有効である．それぞれ三つの量は林外雨量が多いほど増えることから，降雨イベントごとのデータを用いて，それぞれの林外雨量に対する回帰直線を求めておけば，その観測サイトでの量を推定することができる．

$$TF = a_{TF}P_G + b_{TF},\quad SF = a_{SF}P_G + b_{SF},\quad IL_C = a_{ILC}P_G + b_{ILC} \tag{2.6}$$

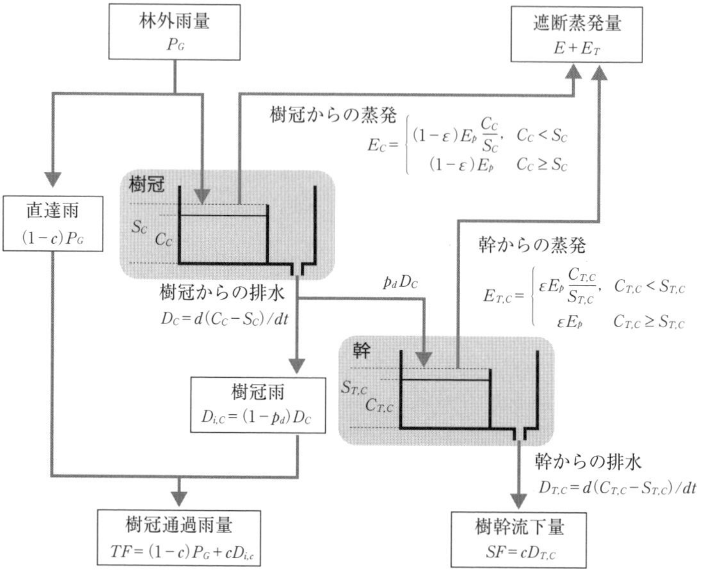

図 2. 4　修正版 Rutter モデルの概要

式（2. 6）の a, b は観測サイトごとの独自の係数である．

世界中でよく使われている二つの樹冠遮断モデルを紹介する．一つ目は修正版 Rutter モデル（Valente *et al.*, 1997）である．気象データと林外雨量の時系列データを使って，樹冠貯留量，幹貯留量，樹冠通過雨量，樹幹流下量，樹冠からの蒸発量，幹からの蒸発量を計算する（図 2. 4）．モデルの基本構造は，二つの貯留タンク（樹冠タンクと幹タンク）からなり，タンクごとの雨の流入量・流出量と蒸発量を計算する．必要なパラメーターは，樹冠貯留容量 S_C, 幹貯留容量 S_T, 樹冠被覆率 c, 樹冠から幹タンクへの雨水配分率 p_d, 樹冠からの蒸発に対する幹からの蒸発の割合 ε である．直接測定することができないパラメーターがあるため，樹冠通過雨と樹幹流の実測データを使ってパラメーターフィッティングをする．可能蒸発量 E_p は Penman-Montieth 式で計算される．

二つ目は修正版 Gash モデル（Gash *et al.*, 1995）である．このモデルは樹冠からの蒸発と幹からの蒸発の二つに分けて計算する（表 2. 1）．そして降雨イベントを，樹冠と幹が飽和するか飽和しないかで分ける．①樹冠や幹が飽和しないイベントでは，樹冠や幹を濡らした雨がすべて蒸発量となることを仮定す

表 2.1　修正版 Gash モデルにおける蒸発成分の計算

樹冠遮断蒸発の成分	計算式
①樹冠や幹が飽和しないイベント（m 個）による蒸発……………………	$c\sum_{j=1}^{m}P_{G,j}$
②樹冠が飽和するイベント（n 個）における蒸発	
(i) 樹冠が飽和するまで…………………………………………………	$nc(P'_G-S_C)$
(ii) 樹冠が飽和してから降雨が終了するまで……………………	$c\frac{\bar{E}_C}{\bar{R}}\sum_{j=1}^{n}(P_{G,j}-P'_G)$
(iii) 降雨終了後………………………………………………………………	ncS_c
③幹からの蒸発	
幹が飽和せず，樹幹流が発生しないイベント（$n-q$ 個）…………	$p_t\sum_{j=1}^{n-q}P_{G,j}$
幹が飽和して樹幹流が発生—するイベント（q 個）……………………	qS_T

る．次に，②樹冠が飽和するイベントでは，(i)樹冠が飽和するまで，(ii)樹冠が飽和してから降雨終了まで，(iii)降雨終了後の 3 段階の蒸発を計算する．③幹からの蒸発は，幹貯留容量 S_T が降雨後に蒸発すると考える．必要なパラメーターは，樹冠貯留容量 S_C，幹貯留容量 S_T，樹冠被覆率 c，樹幹流率 p_t であり，Rutter モデルよりも必要なパラメーターが少なくシンプルである．

ここで，P'_G は樹冠を濡らしきるのに必要な降雨量で，式（2.7）で定義される．

$$P'_G = -\frac{\bar{R}}{\bar{E}_c}S_c\ln\left(1-\frac{\bar{E}_c}{\bar{R}(1-p-p_t)}\right) \tag{2.7}$$

$\bar{R}$ は平均降雨強度，$\bar{E_c}$ は飽和した樹冠からの平均蒸発強度である．Gash モデルは Rutter モデルほど厳密で物理的なものではないが，実測データを用いて簡便に扱える利点がある．

以上のようなプロセスを考慮したモデルがある一方で，より簡便に樹冠遮断損失量を求めたいというニーズがある．たとえば，間伐の有無や強度，林齢による遮断蒸発量の違いは，水資源管理に対する森林管理の影響評価に必要な情報である．日本の針葉樹人工林における観測事例をまとめ，樹冠遮断損失率を，立木密度 N（本/ha）のみから推定するモデルが発表されている（図 2.5, Komatsu *et al.*, 2015）．

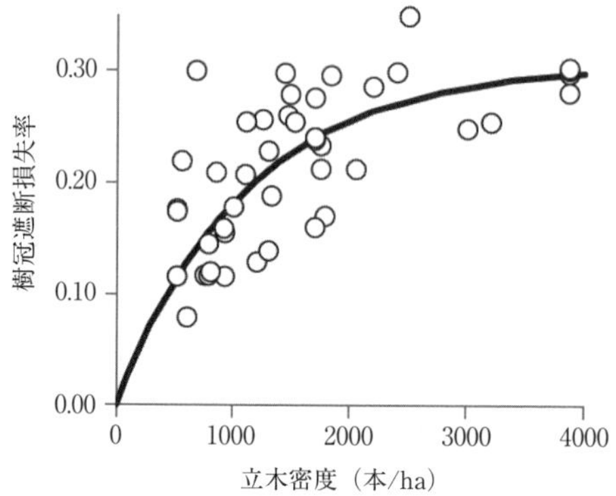

図 2.5　日本の針葉樹人工林における立木密度と樹冠遮断損失率の関係
Komatsu *et al.*（2015）より.

$$IL_C = 0.308\{1-\exp(-0.000880N)\}\cdot P_G \qquad (2.8)$$

立木密度が大きいほど樹冠が混んでいて葉や枝の量が多く，より多くの水が貯留され蒸発することが反映されている.

他の土地利用に比べて，森林の樹冠遮断損失率は高いことが知られているが，その理由についてはまだ明確な答えは出ていない．しかし，樹冠遮断損失量が降雨強度依存性を持ち，降雨中の高湿度条件で，微気象学的な方法で見積もられる蒸発量以上の樹冠遮断蒸発量が観測されている．それらのメカニズムについて，雨滴が樹冠に衝突して飛沫化し，地上に落下する前に蒸発するという飛沫蒸発説（Murakami, 2005）が提示されている．一方で，これまでに考えられている以上に樹皮に雨水が貯留されるという指摘（Iida *et al.*, 2017）や，葉から水を吸収している事例（Berry *et al.*, 2019）も報告されている．大まかには降水量のうち 10～50% が地表に到達することなく失われていることはわかっているが，そのメカニズムは未解明であり，樹冠に到達した雨がどのように樹冠内，森林内を通過していくかについては，わかっているようで不明な点も多く，今後のさらなる知見の蓄積が必要である.

2.1.5　林床遮断

樹幹流として流れ落ちてくる降水は直接地表に到達できるが，樹冠通過雨として落ちてくる降水は通常，林床上の落葉・落枝（リターという）や地衣類やコケなどの植生によって再遮断される．ここでは，これらをまとめて林床層と呼ぶこととする．林床付近は風が弱く日射も届きにくいため蒸発要求が小さいことから，林床層からの蒸発量は無視されることが多いが，いくつかの研究例では林床遮断量が樹冠通過雨の 10～50% に達すると報告されている（Gerrits & Savenije, 2011）．

林床遮断量 IL_F は，林床での雨水貯留量 S_F と蒸発量 E_F の和として計算される．

$$IL_F = \frac{dS_F}{dt} + E_F \tag{2.9}$$

林床層を通過した雨水量 F_F がわかれば，

$$IL_F = TF - F_F \tag{2.10}$$

として求めることができる．実際の森林では林床層が地表に接しているため，通過雨水量 F_F を直接測定することは困難である．そこで実験的な測定により林床遮断量を求めることとなる．

これまでにわかっていることは，リター堆積量が多いほど林床遮断が大きい，樹種によって量が違う（針葉樹よりも広葉樹のほうが貯留容量は大きい），樹冠通過雨の強度が大きいほど林床遮断量が大きい，ということである．樹冠遮断との大きな違いは，遮断後の雨水の動態である．樹冠に比べて林床では蒸発要求が少ないため，林床では樹冠に比べて蒸発量 E_F が小さく貯留量 S_F が大きいことが多い．一つの降雨イベントが終わったあとに樹冠が乾ききっても林床はまだ濡れたままであり，完全に乾くまでにより長い無降雨期間が必要となる．

もう一つの大きな違いは，季節性が小さいことである（玉井・服部，1994）．特に落葉樹において，樹冠遮断損失量は着葉量に応じて季節変動するが，林床層は常に多くのリターで覆われている．夏季は，日射は強いが林床に到達できる日射量が少なく，冬季は，日射は弱いが林床に到達できる日射量が多いため，結果的に林床での蒸発要求に違いが生まれにくい．

2.2　地表に達した降雨の分配

地上部の植生を通過し，ようやく地表へと到達した降雨は，ここでもまた様々な経路をたどる．土壌に浸透せずに地表を地表流（表面流ともいう，overland flow, surface runoff）となって流出する水，土壌中に浸透した後，土壌水としてとどまる水，土壌から蒸発する水，植物に吸水される水，地下水としてとどまる水，そして湧水として渓流に流れていく水とに分配されていく（図2.1）．地上部に比べて地下部では水はゆっくりと移動していくこととなる．

2.2.1　浸透能と地表流

様々な経路を経て地表面に到達した降水は，地中に浸透（infiltration）するものと地表を流れるものに分かれる．土壌表面で浸透しきれない降水が地表流となって地表を流れる．土壌に浸透できる水の量のことを浸透能（infiltration capacity）といい，降雨強度と同様に時間当たりの水高（mm/h）で表す．この浸透能を超えて発生する地表流をホートン型地表流（Hortonian overland flow）という．また，雨が長く多く降り続き，土壌層に含むことのできる水の量を超えた場合も地表流が発生する．これを飽和地表流（saturation overland flow）という．飽和地表流は斜面下方や河道近くの，地下水や土壌水が集まってくる場所の近辺で発生しやすい．

通常，森林土壌は浸透能が200 mm/h以上と大きいため，森林内ではホートン型地表流が発生しないと考えられていた．しかしながら，日本のヒノキ過密人工林で林床植生が衰退する場所では，森林土壌の浸透能が著しく低下し，ホートン型地表流が頻繁に発生することが明らかとなっている（辻村ほか，2006）．これは林内の光環境の悪化によって林床植生が衰退したことと，リターの細片化が促されて地表を被覆するものがなくなることで，林床が裸地化することが原因である．シカ食害の激しい森林や，熱帯でのゴムやチークの人工林，ハワイ島などでの外来種に侵略された森林でも同様な報告がある（南光，2020）．表土が露出すると雨滴が直接地表に衝突して団粒構造が破壊される．そして細かい土壌粒子によって土壌表面に目詰まりが生じ，水の浸透しにくい薄い層（クラスト層）が形成される．そもそもヒノキ人工林斜面では土壌が水を弾く撥水性があり，この性質が浸透能をさらに下げる効果も持っている．壮齢林では高い樹冠からの大粒径化した滴下雨の雨滴が，林外よりも高い衝撃エネルギーを持って地表に衝突することとなり，より一層大きな土壌侵食や浸透能低下を引き起こす（南光，2013）．浸透能は林床植生の量が少なくなるほど低下する．

林内だけでなく，森林施業に必要な作業道でも地表流が発生しやすい．林床の保護がなく浸透能が低いこと，車両の度重なる通過によりできる轍に水が集中しやすいこと，作業道の山側法面から染み出してくる土壌水や地下水が作業道に流れ込むこと，などにより多くの降水が集まりやすい．

浸透能の測定方法は冠水式と散水式がある．冠水式は土壌そのものが持つ最大浸透能を測定するのに良い方法であるが，降雨中にできるクラスト層の影響を評価することができない．そこで大掛かりではあるが散水式による浸透能推定が好ましい．

また林内に調査プロットを設けて，実際の降雨により発生する地表流をといにより回収する方法がある．ただしプロットサイズによる違いがあり，といのすぐ近くで発生した地表流は回収されやすいが，といの遠くで発生した地表流は，その一部はといまで到達できず，くぼみに溜まったり，浸透したりする．サイズの異なるプロットのデータを比較したり，プロットのデータを流域全体に外挿したりする際には注意が必要である．

2.2.2　地中透水

地表を通過した雨水は地中に透水（percolation）していく．土壌は，土壌粒子と土壌粒子の間の空間である土壌間隙とでできており，この土壌間隙に雨水が透水していくこととなる．土壌の全体積に含まれる水分量を体積含水率で示し，土壌が飽和しているときは土壌間隙率≒飽和含水率となる．その間隙は一定の大きさではなく様々なサイズがあり，その大きさによって雨水の通りやすさ（通りにくさ）が異なる．大きな孔隙ほど水が抜けやすく，小さな孔隙ほど毛管現象によって水が抜けにくい．上空から降ってきた雨水を受けるので基本的には重力によって透水していくが，毛管力や吸着力がはたらき土壌が水分を

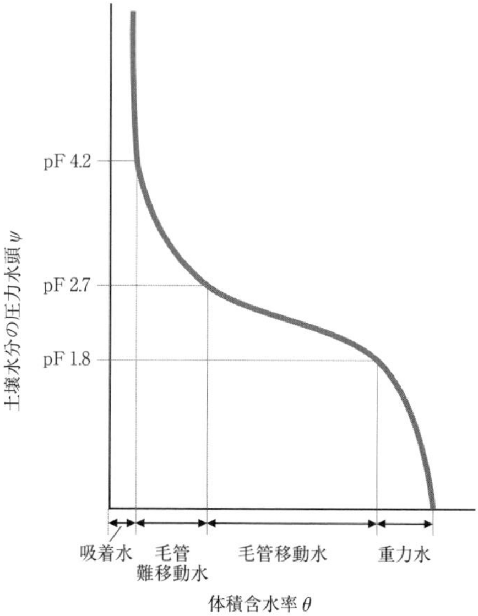

図 2.6　土壌水分特性曲線の例

吸収・保持しようとする．したがって土壌中では，単純に水の多いところから少ないところに水が流れていくわけではない．

土壌が雨水を蓄える能力を評価するのに，図 2.6 のような土壌水分特性曲線が用いられる．重力や毛管力などによって土壌に捉えられている水のエネルギーをポテンシャルとして表し，それを水柱の高さとして表現したものを圧力水頭と呼ぶ．水分特性曲線の縦軸の pF 値は，圧力水頭の絶対値を常用対数表示したものである．体積含水率が小さくなると，土壌水はより小さな孔隙に入り込む．このときより大きな毛管力によって保持されるので，pF 値は大きくなる．pF 値の値によって，吸着水（土粒子表面に強く吸着されている水），毛管水（表面張力によって吸着水の外側に重力に逆らって保持されている水），重力水（重力によって土壌間隙を流れ去る水）に分けることができる．重力水は降雨中に速やかに流れ去るので，土壌に保持されない一方で，吸着水は降水とは関連がない．したがって毛管水が雨水貯留に大きく貢献することとなる．ただし毛管水の中でも pF 値が 2.7～3.0 よりも大きなものは，毛管力による拘束が大きく移動が遅いため，水資源としては有効的ではない（毛管難移動水）．

毛管移動水を作る土壌孔隙（毛管粗孔隙）が雨水貯留に重要である．

土壌中の水は，それぞれの水が持つエネルギーが駆動力となって移動する．主に毛管力によって生じる圧力ポテンシャル（ϕ_P）と，基準面からの高さによって与えられる位置エネルギーに基づく重力ポテンシャル（ϕ_g）の和を水理ポテンシャル（ϕ）といい，それぞれのポテンシャルを水柱の高さで表したものが圧力水頭（$\psi=\phi_P/g$），位置水頭（$z=\phi_g/g$），水理水頭（$h=\phi/g$）である．土壌中の水は水理水頭の高い方から低い方に向かって流れ，その大きさは水理水頭の勾配に比例する．ダルシーの法則に基づき，高さ z の土柱を流れる鉛直透水フラックス q（単位面積の土壌断面を単位時間に通過する流量）について求めると，

$$q = -K\frac{\partial h}{\partial z} = -K\frac{\partial \psi + \partial z}{\partial z} = -K\left(\frac{\partial \psi}{\partial z}+1\right) \tag{2.11}$$

となり，ここで K は透水係数である．この透水フラックスの計算により，土柱の中の水の移動速度がわかるため，式（2.12）を用いて，土柱の中の体積含水率 θ の時間変化を追うことが可能となる．

$$\frac{\partial \theta}{\partial t} = -\frac{\partial q}{\partial z} \tag{2.12}$$

t は時間である．式（2.11）と式（2.12）を連立させて

$$\frac{\partial \theta}{\partial t} = \frac{\partial}{\partial z}\left\{K\left(\frac{\partial \psi}{\partial z}+1\right)\right\} \tag{2.13}$$

さらに，土壌水分特性曲線の傾き（保水性）を $C(=\partial\theta/\partial\psi)$ として変形すると．

$$C\frac{\partial \psi}{\partial t} = \frac{\partial}{\partial z}\left\{K\left(\frac{\partial \psi}{\partial z}+1\right)\right\} \tag{2.14}$$

これが鉛直透水を解析するための基礎式であるリチャーズ式となる．土層厚，初期条件（計算開始時の土層内の圧力水頭鉛直分布），土層上端の境界条件（降雨の時系列データ等），土層下端の境界条件を与えて計算すると，土層内の各深さの ψ や q の時間的な変化が求められ，ψ から θ が求められる．得られる解は土壌の透水性と保水性に依存して変化する．

実際の森林斜面での土壌中の水の移動は様々な種類がある．雨水が少なく不飽和浸透のみであれば，森林は雨水の流出を遅らせる．しかし多くの雨水が供

給され土壌中の孔隙が水で満たされた飽和状態では，重力水が流れ出し，降った雨と同量の水が河川に流れ出すこととなる（五味，2016）．

また古くは，基岩に達した雨水はそこで飽和帯をつくり，飽和側方流となって流れていくと考えられていたが，実際には岩盤内へも水が浸透することが明らかとなっている．土壌中に貯留した水が岩盤へ浸透し，より長い期間，山へ貯留され，ゆっくりとした滞留時間をもって渓流へと流れ出すこととなる．同位体トレーサーを用いて，それらの滞留時間や量を推定する研究も進んでいる（山中・辻村，2020）．

2.2.3　渓流への流出

ここまでに降雨が地表に到達するまでの経路と，地表に到達したあとの経路について説明してきた．雨水は植物や土壌による吸水や滞水，滞水後の蒸発の網をくぐり抜けて，ようやく渓流へと流出する．森林植生や森林土壌で受け止めきれなかった降水が流域の外に流れ出す．この降雨に対する流出の応答を明らかにするのが森林水文学の目指すところの一つである．ここでいう応答とは，量の変化と時間的な変化を含んでいる．森林の水源涵養機能は，降雨時の早い流出を抑制する洪水緩和機能および降った雨をゆっくりと流す渇水緩和機能による水流出の平準化，並びにこの平準化によりもたらされる水質浄化機能によって成り立っている（五味，2016）．こうした機能は森林土壌および岩盤への雨水の浸透・透水と貯留によって発揮されることから，土壌層の厚さが重要である．

例を見てみよう．図 2.7 に仮想の流域におけるハイエトグラフ（降雨量の時間変化を表したグラフ）とハイドログラフ（流出量の時間変化を表したグラフ）を示す．通常，森林流域においては，蒸発散により降水量の一部が失われるため，流出量は降雨量よりも小さくなり，降雨の一部が地中に浸透してから出てくるためピークが遅れる．流出ハイドログラフは直接流出と基底流出の 2 成分から成る．直接流出は降雨から流出までの時間が短いもので，河道に直接降った雨や，地表流となってすぐさま河道に流れ込んだ雨によってできる．基底流出は，流出までの時間が長く，流出量が直前の降雨の状況にほとんど影響されない成分である．地中に浸透した雨は，過去の降雨で土壌中に溜まった雨

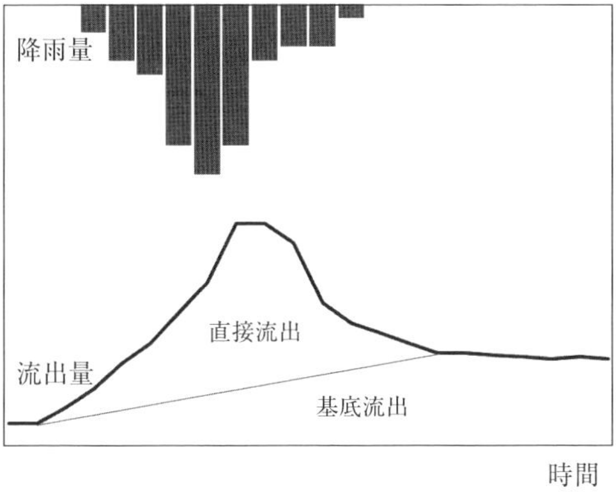

図 2.7　仮想の流域におけるハイエトグラフとハイドログラフ

水を押し出すように流れてくる．降雨量や降雨パターンだけでなく，流域の土地利用，流域面積，地形，土層厚，地質，無降雨期間や降雨前の土壌水分状態等によって流出の様子は異なる．

流出に至るまでの経路は複雑で，マクロポアやパイプ構造部分では雨は土壌中に溜まらずにすぐさま流れていくため応答が早い．一方で小孔隙にとらえられた雨は滞留時間が長い．さらに岩盤に達し岩盤に浸透した降雨はさらに滞留時間が長くなる．

流域からの流出量の推定にはモデルを用いる．流出モデルは，流域を単一のモデル単位として扱う集中型モデル（概念モデル）と，流域を分割して各部分ごとに計算を行い，その組み合わせとして流出の推定を行う分布型モデルとに分けられる．集中型モデルには，単位図法，貯留関数法，タンクモデルなどがあり，モデルに含まれるパラメーターは対象とする流域に固有の値である．一方で，分布型モデルには降水が地表面に到達したあとの鉛直浸透，側方浸透などの各プロセスの支配方程式を数値的に解くことで再現する．プロセスごとに集中型と分布型を分けて計算を行うモデル（TOPMODEL, Beven & Freer, 2001）も存在する．

おわりに

　これまでの研究の蓄積により，調査サイトでのデータ蓄積があれば，年単位で，どれだけの雨が降れば，どれだけの蒸発があり，どれだけの流出があるかを推定することは難しくない．しかし，それはその調査サイトの特徴に基づく結果でしかない．雨の量や降り方，林相や林齢，土壌の特徴，地形や地質が多様に異なる他のサイトや調査していないサイトに，そのまま活かせるかどうかは疑問点が多い．また，これまでに経験のないような気象現象や集中豪雨があったときに，既往データを基に構築されたモデルによって生み出される推定がそのまま適用できる保証がない．物理理論に基づいたプロセスモデルも有効であるが，森林による降雨の分配プロセスのすべてが解明されているわけではない．降雨の分配プロセスを明らかにするために，事例研究を積み重ねて統合的なメタ解析を進めつつ，同時に地域ごとの水問題解決のためには地域固有の精緻な推定モデルも必要である．わかっているようでまだわからない部分も多いため，さらなる今後の研究蓄積が必要である．

参考文献

久米　篤（2007）森林水文学――森林の水のゆくえを科学する――．pp. 337，森北出版．

Levia, D., Carlyle-Moses, D. *et al.*（2011）*Forest hydrology and biogeochemistry: synthesis of past research and future directions.* pp. 762, Springer.

Levia D., Carlyle-Moses D. *et al.*（2020）*Forest-Water Interactions.* pp. 628, Springer.

大槻恭一・久米朋宣・笠原玉青（2022）森林水文学入門．pp. 245，朝倉書店．

杉田倫明・田中　正　ほか（2009）水文科学．pp. 275，共立出版．

谷　誠（2016）水と土と森の科学，pp. 252，京都大学学術出版会．

引用文献

Aston A. R.（1979）Rainfall interception by eight small trees. *J. Hydrol.*, **42**, 383–396.

Berry Z. C., Emery N. C. *et al.*（2019）Foliar water uptake : Processes, pathways, and integration into plant water budgets. *Plant Cell Environ.*, **42**, 410–423.

Beven, K. & Freer, J.（2001）A dynamic TOPMODEL. *Hydrol. Process.*, **15**, 1993–2011.

Bouten, W., Swart, P. J. F. *et al.*（1991）Microwave transmission, a new tool in forest hydrological research. *J. Hydrol.*, **124**, 119–130.

Calder, I. R. & Wright, I. R.（1986）Gamma Ray Attenuation Studies of Interception From Sitka Spruce: Some Evidence for an Additional Transport Mechanism. *Water Resour. Res.*, **22**, 409–417.

Carlyle-Moses, D. E., Iida, S. *et al.*（2018）Expressing stemflow commensurate with its ecohydrological importance. *Adv. Water Resour.*, **121**, 472–479.

Ford. E. D. & Deans, J. D.（1978）The Effects of Canopy Structure on Stemflow, Throughfall and Interception Loss in a Young Sitka Spruce Plantation. *J. Appl. Ecol.*, **15**, 905–917.

Friesen, J., Lundquist, J. *et al.*（2014）Evolution of forest precipitation water storage measurement methods. *Hydrol. Process.*, **29**, 2504–2520.

Gash, J. H. C., Lloyd, C. R.. *et al.*（1995）Estimating sparse forest rainfall interception with an analytical model. *J. Hydrol.*, **170**, 79–86.

Gerrits, A. M. J. & Savenije, H. H. G.（2011）Forest Floor Interception. in *Forest Hydrology and Biogeochemistry: Synthesis of Past Research and Future Directions.*（eds. Levia DF. *et al.*）pp. 445–454, Springer.

五味高志（2016）森林土壌と水土保全機能．森林科学，**77**, 10–13.

Herwitz, S. R.（1986）Infiltration-excess caused by Stemflow in a cyclone-prone tropical rainforest. *Earth Surf. Process. Landf.*, **11**, 401–412.

Holder, C. D.（2012）The relationship between leaf hydrophobicity, water droplet retention, and leaf angle of common species in a semi-arid region of the western United States. *Agric. For. Meteorol.*, **152**, 11–16.

Iida, S., Levia, D. F. *et al.*（2017）Intrastorm scale rainfall interception dynamics in a mature coniferous forest stand. *J. Hydrol.*, **548**, 770–783.

Iida, S., Shimizu, T. *et al.*（2020）The Necessity of Sensor Calibration for the Precise Measurement of Water Fluxes in Forest Ecosystems. In: *Forest-Water Interactions.*（eds. Levia, D. F. *et al.*）pp. 29–54, Springer International Publishing.

Jeong, S., Otsuki, K. *et al.*（2020）Stemflow estimation models for Japanese cedar and cypress plantations using common forest inventory data. *Agric. For. Meteorol.*, **290**, 107997.

Klaassen, W., Bosveld, F. *et al.*（1998）Water storage and evaporation as constituents of rainfall interception. *J. Hydrol.*, **212–213**, 36–50.

Komatsu, H. *et al.*（2015）Models to predict changes in annual runoff with thinning and clearcutting of Japanese cedar and cypress plantations in Japan. *Hydrol. Process.*, **29**, 5120–5134.

Levia, D. F. & Frost, E. E.（2003）A review and evaluation of stemflow literature in the hydrologic and biogeochemical cycles of forested and agricultural ecosystems. *J. Hydrol.*, **274**, 1–29.

Levia, D. F. & Frost, E. E.（2006）Variability of throughfall volume and solute inputs in wooded ecosystems. *Prog. Phys. Geogr.*, **5**, 605–632.

Levia, D. F. & Germer, S.（2015）A review of stemflow generation dynamics and stemflow-environment interactions in forests and shrublands. *Rev. Geophys.*, **53**, 673–714.

Levia, D. F., Nanko, K. *et al.*（2019）Throughfall partitioning by trees. *Hydrol. Process.*, **33**, 1698–1708.

Levia, D. F., Hudson, S. A. *et al.*（2017）Throughfall drop size distributions: a review and prospectus for future research. *Wiley Interdisciplinary Reviews: Water,* **4**, e1225.

Link, T. E., Unsworth, M. *et al.* (2004) The dynamics of rainfall interception by a seasonal temperate rainforest. *Agric. For. Meteorol.*, **124**, 171–191.

Manfroi, O. J. & Kuraji, K. (2004) The stemflow of trees in a Bornean lowland tropical forest. *Hydrol. Process.*, **18**, 2455–2474.

Murakami, S. (2006) A proposal for a new forest canopy interception mechanism: splash droplet evaporation. *J. Hydrol.*, **319**, 72–82.

南光一樹（2013）ヒノキ人工林における林内雨の運動エネルギーと樹高・生枝下高・樹冠長の関係．日本森林学会誌，95, 234–239.

南光一樹（2020）雨滴測定から見えてくる葉や枝での雨の振る舞い．土壌の物理性，**144**, 17–23.

Nanko, K., Hotta, N. *et al.* (2006) Evaluating the influence of canopy species and meteorological factors on throughfall drop size distribution. *J. Hydrol.*, **329**, 422–431.

Pypker, T. G., Bond, B. J. *et al.* (2005) The importance of canopy structure in controlling the interception loss of rainfall: examples from a young and an old-growth Douglas-fir forest. *Agric. For. Meteorol.*, **130**, 113–129.

Roth, B. E., Slatton, K. C. *et al.* (2007) On the potential for high-resolution lidar to improve rainfall interception estimates in forest ecosystems. *Front. Ecol. Environ.*, **5**, 421–428.

白木克繁・大和輝子（2004）転倒升型流量計の測定誤差の特徴と誤差補正について．水文・水資源学会誌，**17**, 159–162.

玉井幸治・服部重昭（1994）落葉広葉樹林における林床面蒸発のモデル化と流域への適用．日本林学会誌，**76**, 233–241.

Tanaka, T., Taniguchi, M. *et al.* (1996) Significance of stemflow in groundwater recharge. 2: A cylindrical infiltration model for evaluating the stemflow contribution to groundwater recharge. *Hydrol. Process.*, **10**, 81–88.

Teklehaimanot, Z. & Jarvis, P. G. (1991) Direct Measurement of Evaporation of Intercepted Water from Forest Canopies. *J. App. Ecol.*, **28**, 603–618.

辻村真貴・恩田裕一 ほか（2006）荒廃したヒノキ林における降雨流出に及ぼすホートン地表流の影響．水文・水資源学会誌，**19**, 17–24.

Valente, F., David, J. S. *et al.* (1997) Modelling interception loss for two sparse eucalypt and pine forests in central Portugal using reformulated Rutter and Gash analytical models. *J. Hydrol.*, **190**, 141–162.

Van Emmerik, T., Steele-dunne, S. *et al.* (2017) Measuring tree properties and responses using low-cost accelerometers. *Sensors,* **17**, 1–17.

Wilkinson, S. C. & Anderson, J. M. (2001) Spatial patterns of soil microbial communities in a Norway spruce (Picea abies) plantation. *Microb. Ecol.*, **42**, 248–255.

山中 勤・辻村真貴（2020）滞留時間に関する諸概念と用語法．水文・水資源学会誌，**33**, 156–163.

第3章 森林と降雪・積雪・融雪

村上茂樹

はじめに

森林への降雪（snowfall）の一部は樹冠を通り抜けて林床に積もる．これ以外の降雪は樹冠に降り積もり，蒸発して大気に戻るか，または落雪（mass release from intercepted snow, mass unloading, snow unloading）や融雪（snowmelt, ablation）によってやがて林床に到達する．このように樹冠上の降雪は林床に達するまでの滞留時間が長いため，降雨の場合とは異なったプロセスを経ることになる．降雪が地表面に到達して積もったものを積雪（snow cover, snowpack, snow accumulation）という．森林は積雪の分布に影響を及ぼすが，日本の森林の多くは山地にあるため積雪の分布を研究するには標高・方位・地形の影響も考慮する必要がある．林床の積雪は融雪が盛んになるまでは土壌にそれほど多くの水を供給しないため，水を蓄えるダムの役割を果たしている．いったん土壌に浸透した融雪水（meltwater）は雨水と同様の振る舞いをするが，そこに至るまでのプロセスは雨の場合とは大きく異なっている．すなわち，森林の存在は林内の微気象環境を大きく変化させ，その結果，融雪プロセスが裸地（opening）とは異なったものになる．融雪のほとんどは積雪の表層で起こるため，融雪水の大部分は積雪層（snow layer）の中を通って土壌に到達する．融雪流出（snowmelt runoff, snowmelt discharge）を考える場合，この積雪層内の水の振る舞いも考慮に入れなくてはならない．本章では，森林における積雪の水文過程を理解するうえで必要な雪氷学の基礎を解説すると同時に，森林における降雪，積雪，融雪，流出の各過程，および森林施業・管理との関係について述べる．

3.1　降雪

3.1.1　降雪粒子と雨雪判別

降雨（rainfall）は液相の水のみから成るが，固体（氷）を含んだ降水（precipitation）を固体降水（solid precipitation）という．固体降水は雪，あられ，みぞれ（固液混合）などに分類されるが，ここではすべて降雪粒子（snow particle）と呼ぶことにする．気温が 0°C 未満の場合，通常，降雪粒子は水を含んでおらず，これを乾き雪（dry snow）と呼ぶ．気温が 0°C 以上の場合，降雪粒子は水を含んでおり，これをぬれ雪（wet snow）と呼ぶ．乾き雪，ぬれ雪という用語は降雪だけでなく，積雪についても用いる．

降水が雨であるか雪であるかによって，水文過程は大きく異なる．このため，何らかの方法で雨と雪を判別（雨雪判別，discrimination between rain and snow）する必要がある．小川・野上（1994）は，全国の気象データに基づいて降水形態が雨であるか雪であるかを判定する判別気温（降雪が降水形態の 50% を超す気温）を月毎・地域毎にまとめた．その結果，判別気温は地上の日平均気温で 1.1～3.0°C の範囲にあり，北から南へ行くほど判別気温が上昇すること，1～2 月ごろに判別気温の最低値が出現することが示された．新潟県内での観測では，判別気温は 0.5～2.2°C であるとの報告があるが（藤田ほか，2012；木村ほか，2014），これらの研究では日平均気温ではなく短い時間間隔で測定した気温を用いているため，小川・野上（1994）と単純には比較できない．すなわち，集計期間や集計方法によって結果は異なる．Sugaya (2005）は全国の気象官署のデータに基づいて湿球温度（wet-bulb temperature）による雨雪判別を行った．その結果，判別湿球温度は 0.6～1.5°C の範囲にあることがわかった．これは地上気温を用いた判別温度域，1.0～2.9°C よりも狭く，精度が高いとしている．

3.1.2　樹冠への降雪と樹冠遮断

裸地と林内の積雪を比較すると，通常は林内の積雪のほうが少なくなる．この原因のひとつは樹冠上の降雪，すなわち冠雪（intercepted snow by forest canopy, crown snow）の一部が蒸発し，その残りがある時間を経過した後に林床に落下するためである．この蒸発現象を降雪の樹冠遮断（evaporation of intercepted snow, sublimation of intercepted snow）と呼ぶことにする．文献によっては，蒸発の有無に関係なく冠雪している状態を樹冠遮断（intercepted snow）と呼ぶことがある．日本語，英語ともに用語が統一されていないので，混同しないように注意が必要である．林内の積雪が裸地よりも少なくなるもうひとつの原因は，日射などで冠雪が融けて滴下し，積雪層を浸透して土壌に到達するためである（3.2.2 項参照）．特に温暖な積雪地では林内と林外の積雪量の差が蒸発によって生じたのか，冠雪の融雪によって生じたのかを区別することが困難な場合もある．この小節では林内外の積雪量の差は樹冠遮断で生じるものと仮定して解説する．

降雨の樹冠遮断は雨量の約 2 割を占めているが（第 2 章），降雪の樹冠遮断はこれよりも多いとする研究が多い．スギ林における通年観測では，降水に占める樹冠遮断の割合（樹冠遮断率）が降雨よりも降雪において数%〜10% 大きいことが指摘されている（安田，1994；小倉ほか，2013）．中井ほか（1993）の測定では降雪の樹冠遮断率は常緑針葉樹林で 30〜50%，落葉針葉樹林で 25〜37%，落葉広葉樹林で 5% 以下となっている．國崎・甲田（2006）は閉鎖した常緑針葉樹林で 10〜40%，落葉広葉樹林で 10%，久野ほか（2009）は針広混交林で 4.3〜19.0%，ダケカンバ林で 2.5〜16.3%，阿部ほか（2016）は広葉樹林で 13.4%，スギ林で 33.1% であったとしている．Huerta *et al.*（2019）はチリのアンデス山中に位置するブナ林で，23.6% と落葉樹としては大きめの樹冠遮断率を得ている．これは湿雪が降るために降雪が樹冠に付着しやすいためとしている．他の海外の測定では日本における値と同程度の樹冠遮断が測定されている（Lundberg and Halldin, 2001）．Koivusalo and Kokkonen（2002）はフィンランドの針葉樹林における樹冠遮断率が夏期は 29%，冬期は 26% で，降雨と降雪による違いはほとんどないとしている．このような例外もあるが，

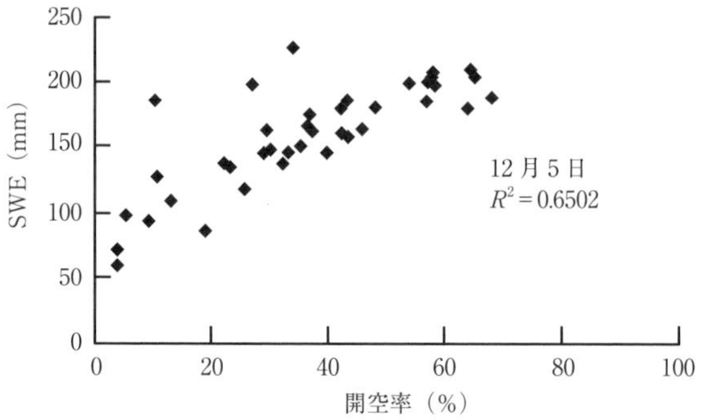

図3.1　針広混交林内の42地点における開空率と林内積雪水量（SWE）の関係
久野ほか（2009）より.

通常，降雨と比べて降雪の樹冠遮断は多くなる傾向がある．これは降雪は降雨よりも樹冠上に留まる時間が長く，昇華蒸発（sublimation）が多いためである．Storck *et al.*（2002）は一冬期間の中で大きな樹冠遮断速度（mm/day）が観測されるのは冠雪の時間が長い期間であり，冠雪がすぐに落雪し冠雪の時間が短いと樹冠遮断が小さくなることを示した．中井ほか（1996），Lundberg *et al.*（1998），Koivusalo and Kokkonen（2002）は熱収支（heat balance, heat budget）モデルで降雪の樹冠遮断が再現できることを確認している．

図3.1に針広混交林における開空率（sky view factor, BOX 3.1参照）と林内積雪量の関係を示した．林内の積雪量は雪を融かして水にしたときの深さ（mm）で示されており，これを積雪水量，または積雪水当量（snow water equivalent：SWE）と呼ぶ．林内の積雪水量は開空率とともに増加しており，開空率が大きいと樹冠遮断は減少する（國崎・甲田，2006；久野ほか，2009）．Molchanov（1960）は旧ソ連におけるマツ林の林内降水と樹冠閉鎖度（canopy closure, BOX 3.1参照），および林内降水と林齢の関係をまとめている．図3.2（a）では樹冠閉鎖度の増加とともに林内降水が減少（樹冠遮断が増加）している．図3.2（b）では降雨，降雪ともに林齢約30年で林内降水が最小（樹冠遮断が最大）となり，その後は林内降水が緩やかに増加している．すなわち，樹冠遮断が最大となる林齢付近で樹冠閉鎖度が最大（開空率が最小）となる．

Storck *et al.*（2002）は風が弱く1回の降雪が水換算で50 mm以下の場合，その6割が冠雪するとしているが，この値は気象条件によって変化する．樹

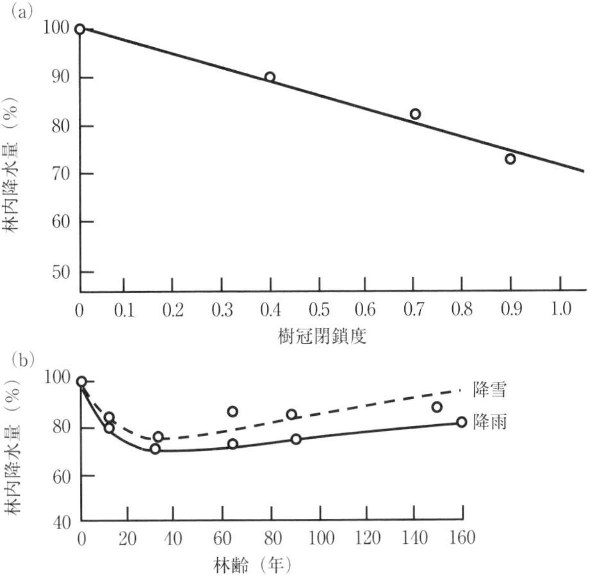

図 3.2　裸地の降水量を 100% としたときのマツ林の林内降水量
(a) 樹冠閉鎖度と林内降水量の関係，(b) 林齢と林内降水量の関係．Molchanov (1960) より．

冠が貯留できる積雪水量（着雪量）はスギで最大 34 mm（渡辺・大関，1964），トドマツで 20 mm 以上（中井ほか，1995），シトカスプルースで 30 mm より大きい（Lundberg *et al.*, 1998）などの報告がある．Storck *et al.*（2002）は，ダグラスファーとロッジポールパインで 30 mm を超えることがあるが，年によっては 15 mm 程度であるとしている．Hedstrom and Pomeroy（1998）はジャックパインで約 3.5 mm，ブラックスプルースで約 7 mm と小さめの値を得ている．大きな着雪が観測されるのは，みぞれが降った後に寒気が入って積雪が樹冠に凍結し，落雪が生じにくくなるといった条件が整った場合であると考えられる．

上記の研究はすべて単木か林分を対象としたものであったが，Sexstone *et al.*（2018）は米国コロラド州のロッキー山脈において 40 km×90 km の領域を対象に昇華蒸発の時空間分布を推定した．この領域は標高 2261 m から 4345 m に位置しており，その 58% は森林である．観測データとモデル計算を組み合わせて推定した結果，冬期降水の 35% が昇華蒸発していると算出され，その大部分が樹冠遮断であるとしている．樹冠遮断以外の部分は林床の積雪からの昇華蒸発である．樹冠遮断は標高，降雪，樹冠密度の増加とともに増大することも示された．

BOX 3. 1　開空率，樹冠閉鎖度，森林被覆

これらの用語は樹冠が地表面または天空を覆っている割合を表現するために使われる．しかし，定義の仕方や測定方法によって，これらの数値自体も，それに基づいて扱う現象との対応関係も異なってくる（Varhola *et al*., 2010）．この章ではなるべく元の論文に忠実な用語を使うようにした．しかし，樹冠閉鎖度，森林被覆に対応する英語は canopy closure, canopy cover, forest cover, crown closure, crown coverage などがあり，これらの定義や測定方法はそれぞれの研究ごとに異なっていたり，詳しい説明が省かれていたりして統一的に扱うことは困難である．関連する用語である葉面積指数（leaf area index : LAI）についても図のような全天空写真を用いて測定した値と専用の装置（LAI-2000 Plant Canopy Analyzer，米国 LICOR 社製）で測定した値の間に相関がなく，全天空写真で求めた値は問題があるとの指摘もある（河原ほか，2003）．LAI と開空率，樹冠閉鎖度，森林被覆との間の対応関係がどの程度成立するかも不明な点が多い．今後，レーザースキャナーによる 3 次元解析技術の発展にともない，樹冠構造やそれを表す指数の普遍的な定量化が可能となるかもしれない．

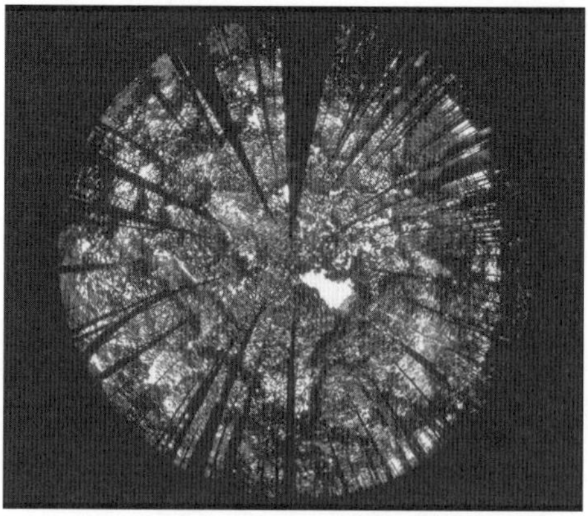

図　ヒノキ林における全天空写真の例
撮影：村上茂樹．→口絵 3

3.2 積雪

3.2.1 積雪の水文学的性質

氷の密度は 917 kg/m^3 である．これに対して，積雪の密度（snow density）は降り積もったばかりの新雪（fresh fallen snow）で 30〜150 kg/m^3 であり，体積のほとんどを空気が占めている．気温が 0°C 未満に保たれていても，積雪の密度は積雪層の自重による圧縮などによって時間とともに増加する．その結果，乾いた積雪の密度は最大で 500 kg/m^3 程度まで大きくなることがある．降雪自体がぬれ雪であるか，または乾いた積雪が融雪や降雨によってぬれ雪となった場合，積雪の密度は 300〜500 kg/m^3 となる．積雪の量を表すには積雪深（snow depth）または積雪水量を用いる．上記のように融雪が起きなくても積雪の密度は時間とともに増加し，積雪深は時間とともに減少するため，調査研究目的で積雪量を表記するためには，実際の雪の厚みである積雪深よりも，雪を水に換算した積雪水量を用いるのが一般的である．

図 3.3（a）は森林総合研究所十日町試験地における一冬の積雪の変化を示している．積雪深と積雪水量はともに深さ（cm）で表してある．積雪深の変化に比べて積雪水量の変化は緩やかである．これは新雪の密度が水の約 1/10 と小さいため，新雪の積雪水量が新雪の深さの 10% 程度にしかならないためである．最大積雪深は 1 月 12 日の 313 cm であるが，最大積雪水量は 2 月 17 日の 137 cm である．一般に最大積雪深と最大積雪水量の時期は一致せず，後者がかなり遅れて出現する．図 3.3（a）の例では，12 月には積雪全層の平均密度は 200 kg/m^3 程度であるが，融雪が盛んな 4 月には 500 kg/m^3 を超えている．12 月の積雪はほぼ全層が乾き雪であるが，1 月になるとぬれ雪のほうが多くなり，2 月はほぼ全層がぬれ雪，3 月以降は全層がぬれ雪になっている．期間全体を通じてぬれ雪の割合が多いのは，このデータが積雪地域としては温暖な新潟県十日町市のものであることによる．気温が低い北海道や標高の高い場所では，融雪が始まる 3 月になるまで全層が乾き雪であることが多い．図 3.3（a）の細線は，積雪層の経時変化を表している．たとえば 12 月 13 日の

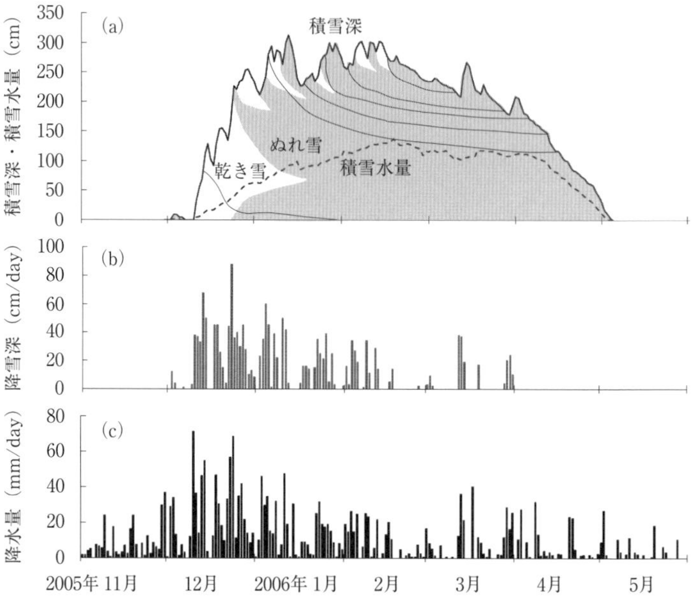

図 3.3　森林総合研究所十日町試験地における一冬の積雪の変化

(a) 積雪深・積雪水量と乾き雪・ぬれ雪の経時変化．細線は積雪層を表す．(b) 日降雪深（日界は午前 9 時），(c) 日降水量（日界は午前 0 時）．竹内ほか (2009)，および森林総合研究所十日町試験地 http://www.ffpri.affrc.go.jp/labs/tkmcs/tkmcs_metdata_j.html のデータに基づく．

積雪深は 69 cm であったが，このときの積雪表面（細線の左端）と地表面の間の積雪層は時間の経過とともに急速に圧縮され，これに積雪底面からの融雪（3.3 節参照）も加わって 1 月末に消滅している．図 3.3 (b) の降雪深は 24 時間に新たに積もった降雪の深さ（cm/day）を示しており，測定の日界は午前 9 時である．図 3.3 (c) の降水量（mm/day）も 24 時間の測定値であるが，日界が午前 0 時であるため，すべての降水が降雪であったとしても日変化のパターンは必ずしも降雪深と一致していない．両者の比較から，十日町市における降水量は降雪深の約 10%（新雪の密度が約 100 kg/m^3）であることがわかる．

3.2.2　森林が積雪に及ぼす影響

通常，林内の積雪は樹冠遮断によって裸地よりも少なくなり（3.1.2 項），林内の融雪は日射と風が森林被覆（forest cover, BOX 3.1 参照）によって弱められる影響で裸地よりも少ない（3.3.6 項）．それぞれのプロセスの詳細は該当する節で述べてあるので，本節ではこれらの関係を一般化して定性的に扱い，森林が積雪に及ぼす影響の全体像を把握することにする．なお，森林施業との関係は 3.4.2 項で述べる．

樹冠が貯留できる降雪量は，観測的には上限があると考えられる（3.1.2 項）．降雪量が少ない場合はその多くが樹冠上に貯留されて蒸発し，樹冠遮断率が大きくなる．逆に降雪量が多くなると樹冠上に貯留される降雪の割合が小さくなって林床に落下する雪が増え，樹冠遮断率は小さくなる．McNay *et al.*（1988）は，ダグラスファー林とウェスタンヘムロック林において，相関は弱いながらこの関係が成り立つことを示した．この傾向は降雨の場合と同様であり（第 2 章），裸地と林内の積雪量を比較する場合，森林の効果のみならず対象とする期間の降雪パターンと降雪量も考慮する必要がある．Hardy *et al.*（1997）はカナダのジャックパイン林において，胸高直径が大きな木の周囲ほど積雪が少なくなることを示した．これは胸高直径が大きい木ほど葉量が多く，樹冠に貯留される降雪が多くなるので樹冠遮断も多くなるためと考えられる．Mahat and Tarboton（2014）は，閉鎖した針葉樹林では樹冠上の降雪が風で吹き飛ばされ，裸地に移動するとしている．林内外の積雪量を検討する場合，条件によってはこの再移動も考慮する必要がある．

Varhola *et al.*（2010）は欧米における森林被覆の変化量と林内堆雪（accumulation，堆雪は積雪と同義だが，特に雪が堆積する点を強調した用語）の変化量の関係，および林内融雪の変化量の関係をまとめた（図 3.4）．図の横軸の値が 0～100% の範囲にあるデータは裸地の雪の量を基準としており，裸地で 0%，閉鎖林の場合に 100% となる．一方，横軸の値が −100%～0% の範囲にあるデータは閉鎖林の雪の量を基準としており，閉鎖林で 0%，皆伐の場合に −100% となる．これによると，ばらつきは大きいものの林内堆雪，林内融雪のいずれも森林被覆の増加とともに線形に減少している．彼らはこのデータをメタデータとして利用できるように回帰式を示した．

$$AC = -0.39642 \cdot FC \qquad (3.1)$$

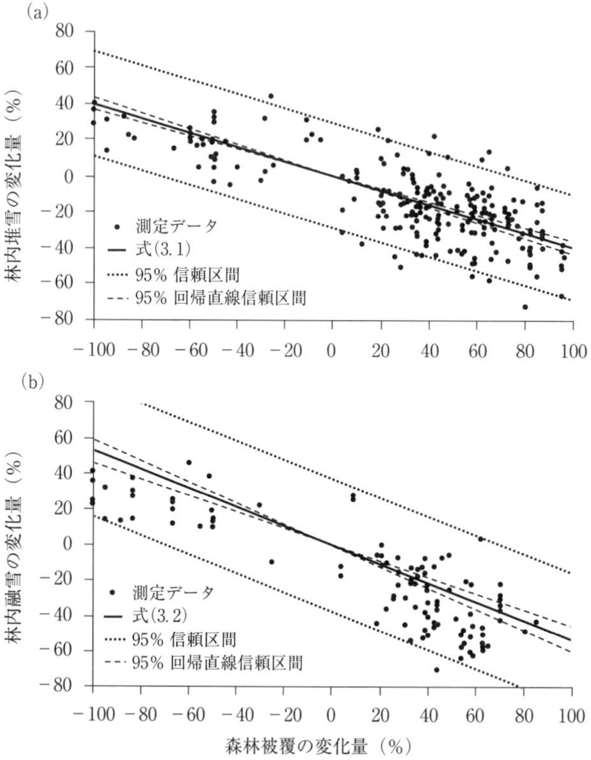

図 3.4　森林被覆と堆雪・融雪の関係

(a) 森林被覆の変化量（相対値）と林内堆雪の変化量.（b）森林被覆の変化量（相対値）と林内融雪の変化量. 横軸の値が正のデータは裸地（横軸のゼロ点）の積雪を基準にした場合, 横軸の値が負のデータは閉鎖林（横軸のゼロ点）を基準にした場合の林内堆雪（または林内融雪）の変化量を意味する. Varhola *et al.* (2010) より.

$$AB = -0.53574 \cdot FC \tag{3.2}$$

ここで AC は林内堆雪の変化量, AB は林内融雪の変化量, FC は森林被覆の変化量（$-1 \leq FC \leq 1$）である. Kuz'min（1960）はロシアの森林における林内堆雪について式（3.1）と似た式を導いている.

$$AC = -0.37 \cdot FC \tag{3.3}$$

Pomeroy *et al.*（2002）は葉と幹を含む冬期の葉面積指数 *LAI'* と *FC* の関係式（3.4）を求めている．

$$FC = 0.29\ln(LAI') + 0.55 \qquad (3.4)$$

Pomeroy *et al.*（2002）は式（3.4）と樹冠遮断の関係式を組み合わせることで，林内堆雪 *AC* と森林被覆 *FC* の関係式（3.5）を導き，さらに Kuz'min（1960）の式を用いて式（3.5）と同様の関係式（3.6）を得ている．

$$AC = -0.144\frac{FC-0.55}{0.29} + 0.223 \qquad (3.5)$$

$$AC = -0.125\frac{FC-0.55}{0.29} + 0.237 \qquad (3.6)$$

式（3.1），（3.3），（3.5），（3.6）のどれを使っても林内堆雪の推定値は近い値となるが，式ごとにパラメーターが異なるのは，パラメーターを決定した観測地が異なっているためである（Pomeroy *et al.*, 2002；Varhola *et al.*, 2010）．

Onuchin *et al.*（2018）はロシア，ベラルーシ，カザフスタンの 212 林分での測定データと米国のデータを併せて解析し，1 月の平均気温，平均林齢，カラマツとそれ以外の針葉樹の割合，樹冠被覆から針葉樹林内の積雪量を推定する式を導いている．この場合の積雪量とは，林分内の比較的小さな無立木地（風で積雪が削剝（erosion）・輸送されない程度の小面積），または落葉樹林における積雪量に対する，針葉樹林内の積雪量である．この式が適用可能なのは，北方林に限られる．

これまでに述べたように，一般に林内では裸地よりも積雪と融雪がともに少ない．しかし，これには後述のように例外があり，さらに一冬を通して見た場合，林内の積雪が裸地よりも多くなる時期とその逆の時期が何度か出現することもある（Koivusalo and Kokkonen, 2002）．林内と裸地のどちらで春先の積雪が先に消えるかについても，森林被覆（樹冠閉鎖度）だけでは決まらず，その冬の林内外の積雪量や気象条件が影響する．Storck *et al.*（2002）は米国オレゴン州の温暖な積雪地において，冠雪の融雪が盛んなために林内の積雪が裸地よりもかなり少なくなること，これにより観測を行った 3 冬期はすべて林内の積雪が裸地よりも早く消えることを示した．Lundquist *et al.*（2021）は，オ

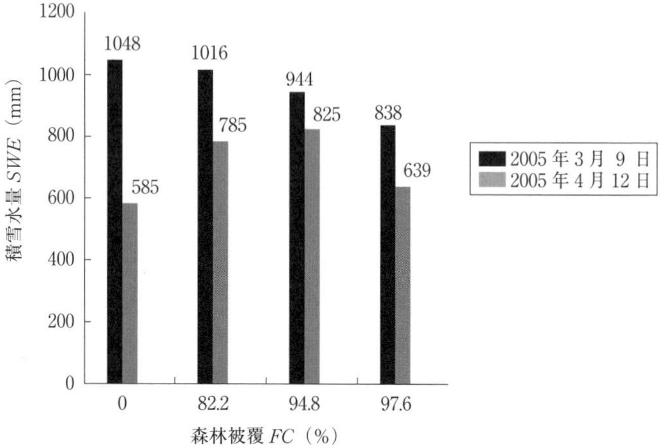

図 3.5　裸地および森林被覆 *FC* の異なる 3 種類のスギ林における積雪水量 *SWE*
図中の数字は積雪水量（mm）．村上ほか（2015）に加筆．

レゴン州のような温暖な積雪地では林内の積雪が裸地より少なくなる原因のほとんどが冠雪の融雪であり，昇華蒸発はわずかであることを示した．Harpold *et al.*（2015）は，米国カリフォルニア州の標高 2250 m に位置する針葉樹林で 3 年間の積雪観測を行い，裸地で先に消雪（snow disappearance, melt-out）する年もあれば，林内で先に消雪する年もあるとしている．村上ほか（2018）は，新潟県十日町市において裸地（*FC*＝0）および *FC* が異なる 3 箇所のスギ林で積雪水量を測定した（図 3.5）．測定が行われた 2005 年に裸地で積雪水量が最大となったのは 3 月 18 日であった．1 回目の測定はその 9 日前の 3 月 9 日に実施され，積雪水量は *FC* の増加とともに減少した．しかし，林内の積雪水量は式（3.1），（3.3），（3.5），（3.6）で推定される値よりも多かった．2 回目の測定は融雪が盛んな 4 月 12 日に行われ，各観測地における 1 回目との積雪水量の差から求めた融雪量と式（3.2）で推定される値（括弧内の値）は，裸地で 463 mm，*FC*＝82.2% のスギ林で 231 mm（259 mm），*FC*＝94.8% で 119 mm（228 mm），*FC*＝97.6% で 199 mm（221 mm）であり，*FC*＝82.2% と 97.6% のスギ林では式（3.2）による推定値が約 10% 過大，*FC*＝94.8% では 92% 過大となった．消雪は早い順に裸地（4 月 28 日），*FC*＝82.2%（5 月 7 日），*FC*＝97.6%（5 月 8 日），*FC*＝94.8%（5 月 16 日）であった．Sanmiguel-

Vallelado *et al.*（2020）はスペインのピレネー山系において4箇所のマツ林分で3冬期間の観測を行い，林内の積雪は林外よりも平均17日早く消雪し，雪が少ない年は26日も早く消雪したとしている．

森林の周囲に裸地がある場合，風によって裸地で削剝・輸送された積雪が林内に堆雪し，林内の積雪が裸地よりも多くなることがある．笹ほか（1989；1990）は北海道北部の強風・寒冷地における観測で，森林の堆雪効果により裸地よりも森林において積雪水量が多くなったとしている．多雪で積雪の移動量が多い条件下では常緑針葉樹林・落葉樹林での積雪が裸地（無立木地）よりも多くなる．しかし，少雪で積雪の移動量が少ない条件下では積雪は落葉樹林でいちばん多く，次いで裸地，そして常緑針葉樹林で最小となる．降雪量の違いによって，生じる現象が異なることに注意が必要である．Suzuki *et al.*（1999）は岩手山のカラマツ林における観測で，林分密度が411本/haの林よりも1433本/haの林のほうが積雪水量が多くなったと報告している．このことから，落葉樹林では林分密度が大きいと堆雪量が多くなると推測される．

これまで述べたように，森林被覆は日射（短波放射，全天日射ともいう）を減衰させるため，一般に林内の融雪は林外よりも小さい．しかし，これは日射だけに着目した場合であって，条件によっては樹冠からの長波放射による林内融雪が林外融雪を上回る場合がある（Lundquist *et al.*, 2013）．Seyednasrollah *et al.*（2013）は気象条件，斜面の傾斜と方位，および森林被覆を考慮した放射モデルを構築した．このモデルは複雑な地形に存在する森林や間伐前後の森林における林内融雪の推定に有効である．

3.2.3 山地の積雪

図3.6のように，山地の積雪水量は通常，標高とともに線形に増加することが知られている（山田ほか，1978；水津ほか，1978；Yamada, 1982）．すなわち，標高Hの地点の積雪水量SWE（mm）はa（mm/m），b（mm）を係数として式（3.7）のように書ける．

$$SWE = aH + b \tag{3.7}$$

aの値は0.5〜2程度であるが，融雪が盛んになるまでの堆雪期には時間とと

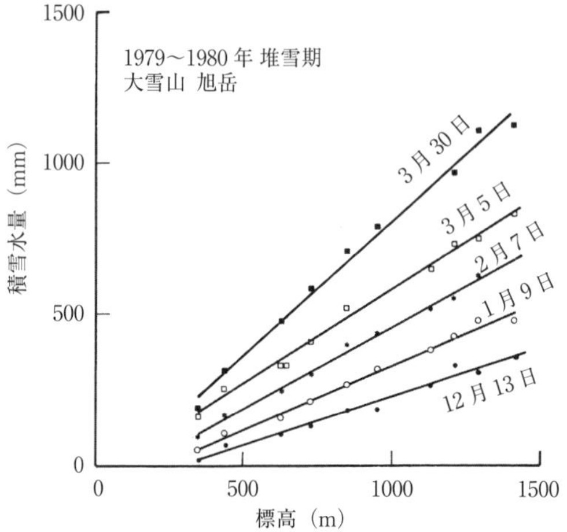

図 3. 6　堆雪期における標高と積雪水量の関係
Yamada (1982) より．

もに増加する．井上・中島（1979）は対象とする山地の海岸からの距離とともに a が減少すると指摘している．しかし，式（3. 7）は森林限界以下の標高に当てはまる経験則であって，森林限界を超えると強風のために積雪の削剝・移動が起こり，削剝された雪は谷や窪地に堆積する．積雪水量は斜面方位とも関係しており，季節風に対して風上側となる北西斜面では降雪と積雪が多くなる（Yamada，1982；伊予部ほか，2015）．これらの結果は多くの労力を必要とするスノーサーベイ（snow survey, 積雪調査ともいい，山スキーなどであらかじめ決められたルートに沿って現地を踏査し，積雪水量を把握する調査）によって得られたものであるが，積雪水量の面的な分布を得ることは困難である．

近年，航空レーザー測量によって積雪深の面的分布データが得られるようになった．西原・谷瀬（2016）は北海道の忠別ダム流域において 2012 年と 2015 年に航空レーザー測量を行い，流域全体の地形と積雪分布の関係を調べた．森林限界である標高 1450 m 以下では積雪深は標高とともに線形に増加した（図 3. 7a）．森林限界以上では尾根に沿って積雪が少なく，谷に沿って積雪が多い分布となっており（図 3. 7b），これらのパターンは両年ともに共通していた．これにより，スノーサーベイで得られていた傾向が流域全体でも成り立っていることが確認された．なお，航空レーザー測量で得られるのは積雪水量

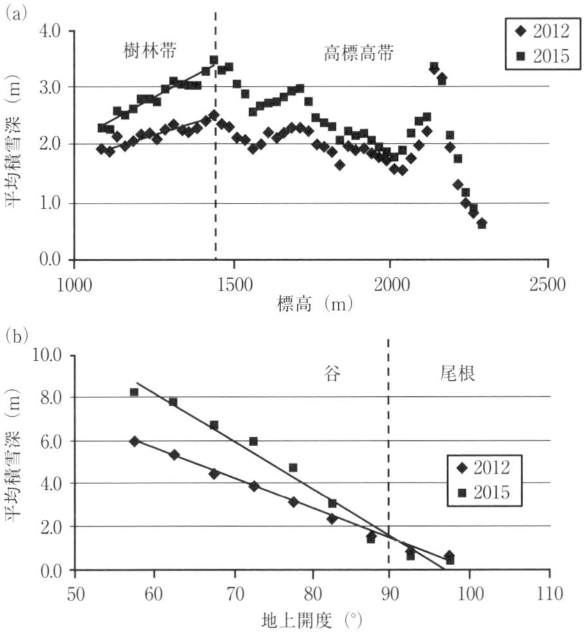

図 3.7　北海道の忠別ダム流域における標高と積雪深の関係
(a) 標高と積雪深の関係，(b) 森林限界以上の標高における尾根地形・谷地形と積雪深の関係．地上開度が 90° 以上は尾根地形，90° 未満は谷地形を表す．西原・谷瀬（2016）より．

ではなく積雪深であり，積雪水量を知るためには積雪密度の情報も必要となる．

積雪の全層平均密度は時間の経過とともに大きくなるが，標高に対する依存性は地域や流域ごとに異なることがわかっている．群馬県に位置する森林総合研究所宝川森林理水試験地の初沢流域（118 ha，標高 810〜1380 m）では，3 月中旬から 5 月下旬の積雪全層平均密度が標高に依存せず，時間経過とともに大きくなり観測日が決まればほぼ一定となる（小池ほか，1985b；村上・山野井，2003）．Tani（1996）は同じ宝川森林理水試験地の本流流域（標高 805〜1945 m）において，積雪全層平均密度を 1 月 1 日からの経過日数のみの一次式で回帰している．時間の経過とともに密度は大きくなるが，同じ観測日における場所ごとのばらつきは最大で約 170 kg/m^3 であり，密度を観測日のみで表現できるとはいえない．浜田・富樫（2014）は長野県の飯綱山における調査で積雪全層の平均密度は12月には標高とともに増加，1月および2月はほぼ一定，3月は減少するとしている．伊豫部ほか（2015）は2月初旬～4月初旬の御嶽山での観測において，積雪の全層平均密度は標高に依存するとし，時期によって標高とともに減少することも増加することもあるとしている．

3.3　融雪

3.3.1　積雪層の熱収支

ここでは第1章で蒸発の推定に用いた熱収支の手法を融雪に適用する．すなわち，雪面に与えられた純放射が顕熱（大気との熱交換），潜熱（蒸発または凝結の潜熱），積雪中・地中に貯留される熱のいずれかに配分されるという視点から熱収支を考える．積雪は他の地表面と違って，温度が0°Cよりも高くならない，アルベド（albedo）が大きい，熱伝導率が小さい，融解には大きなエネルギーが必要，積雪層の上側（大気側）からも下側（土壌側）からも融雪が生じ得る，といった特徴がある．

積雪層全体が積雪表層と積雪層底面から受け取る熱量の合計 Q_T は，以下の式のように積雪の昇温 Q_S，積雪表層での融雪（surface snowmelt）Q_{MS}，および積雪層底面での融雪（bottom melt of snowpack）Q_{MB} のいずれかに分配・消費される．

$$Q_T = Q_S + Q_{MS} + Q_{MB} \tag{3.8}$$

式（3.8）の各項は第1章と同様に単位面積・単位時間当たりのエネルギーの流れ（これをエネルギーフラックスという）を表しており，単位は（J/(m²・sec）=W/m²）となる．Q_S は積雪中に熱流板を設置することで測定できる．雪温 T_c の深さ z 方向の分布が測定できる場合，Q_S は積雪の熱伝導率 k_s を用いて次式のように表せる．

$$Q_S = k_s \frac{dT_c}{dz} \tag{3.9}$$

Calonne *et al.*（2011）は積雪密度 ρ_s（kg/m³）と k_s（W/(K・m)）の関係を次

式で表している.

$$k_s = 2.5\times10^{-6}\rho_s{}^2 - 1.23\times10^{-4}\rho_s + 0.024 \qquad (3.10)$$

T_c の z 方向の分布と ρ_s が得られれば式(3.9),(3.10)から Q_S を計算できる.積雪層内に部分的にぬれ雪がある場合には融雪水が不均一に移動・再凍結するため,Q_S はその影響を受ける.積雪の全層で融雪が起きている場合は全層で $T_c=0°\mathrm{C}$ で雪温が z に対して一定となり,式(3.9)から $Q_S=0$ となる.

3.3.2 積雪表層からの融雪

図3.8に積雪層における熱収支の構成要素を示した.積雪表層での融雪に使われる熱量 Q_{MS} は式(3.11)で表される.

$$Q_{MS} = R_n - H - \lambda E + Q_I + Q_R \qquad (3.11)$$

ここで R_n は純放射量,H は大気と雪面の熱交換量(顕熱輸送量,または顕熱フラックスともいう),λ は水の蒸発の潜熱(条件によっては氷の昇華蒸発の潜熱),E は蒸発・凝結による水の交換量,λE は大気中の水蒸気が雪面に凝結するかまたは積雪表面からの昇華蒸発による熱交換量(潜熱輸送量,または潜熱フラックスともいう),Q_I は積雪内部から積雪表層への伝導熱量(Q_S のうち積雪表層へ向かう熱量),Q_R は雨水による積雪表層への熱供給量である.式(3.11)右辺の各項の値は,Q_R は常に正となるが,それ以外は正にも負にもなり得る.図3.8の $S\downarrow$,$S\uparrow$ はそれぞれ下向き,上向きの短波放射量,$L\downarrow$,$L\uparrow$ は下向き,上向きの長波放射量である.他の章と同様に,R_n,Q_R は下向き(積雪表層に向かう方向)を正,Q_I は上向き(積雪表層に向かう方向)を正,H,λE は上向き(積雪表層から大気に向かう方向)を正とする.H と λE はいずれも下向きのとき融雪に寄与するので,図3.8と式(3.11)ではいずれも負符号を付けてある.$Q_{MS}>0$ のときに融雪が起きるが,$Q_{MS}<0$ のときは積雪表層のぬれ雪の凍結,または積雪層内の温度低下が起きる.前述のように,融雪が盛んになり積雪全層がぬれ雪(0°C)のときは $Q_S=Q_I=0$ となる.

ここで式(3.11)の各項の大きさについて述べておく.通常,裸地での融雪ではいちばん大きいのが R_n で,それ以外の項の寄与は小さい.しかし,条

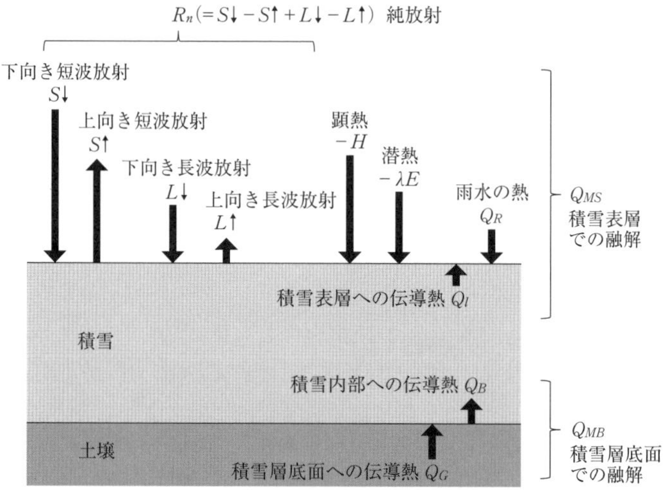

図 3.8　積雪の熱収支を構成する要素

件によっては H と λE は R_n と同等かそれ以上の融雪をもたらすことがある．小島ほか（1985）は札幌で降水日以外の E の値を測定し，1 月に 0.135 mm/day，2 月に 0.263 mm/day，3 月に 0.368 mm/day であったと報告している．小池ほか（1985b）は，4 月の晴天日における雪面からの蒸発は凝結と打ち消しあって大きな値にはならないとしている．しかし，3. 3. 6 項で述べるように森林における融雪では H（気温が 0°C を超える条件下での大気から雪面への熱輸送）と λE（雪面への水蒸気の凝結）による融雪が大きな割合を占めることがある．Q_I は積雪表層の融雪が始まると $Q_I \leq 0$ となり，直接融雪には寄与しない．次に Q_R の値を試算してみる．温度 T_R（°C）の雨が 1 m^2 に P（mm）降ると，その質量は P（kg）である．0°C を基準とした雨水の熱量は $4.2\times 10^3 PT_R$(J) であり，これを氷の融解潜熱 3.335×10^5 (J/kg) で除した量の雪（積雪水量，単位 m）が融ける．0°C の雪面に $T_R=10$（°C）の雨が $P=10$（mm）降ったとすると積雪は 1.3 mm しか融けず，Q_R は経験的に感じる降雨時の「融雪」よりも小さい．実際には積雪への降雨では融雪はあまり起きておらず，降雨による積雪密度の増加と積雪深の減少を融雪と錯覚するのである．

R_n の測定値がない場合，R_n の各成分を推定する方法もある．近藤（1994）はアメダスで観測されている日照時間から短波放射量 $S\downarrow$ の日平均値を，ラジオゾンデのデータから算出される上空の水蒸気量と日平均気温および短波放射量から $L\downarrow$ の日平均値を，それぞれ推定できるとしている．$S\uparrow$ はアルベド α を使って書くと $\alpha S\downarrow$ となる．α は新雪で約 0.9，ぬれ雪や汚れた雪で約 0.4 である．$L\uparrow$ は積雪の射出率を ε ($=0.95\sim0.99$)，ステファン・ボルツマン定数を σ，積雪表面温度を T_s として，$\varepsilon\sigma T_s^4$ で表すことができる．すなわち，R_n は次のように書ける．

$$R_n = S\downarrow(1-\alpha)+L\downarrow-\varepsilon\sigma T_s^4 \tag{3.12}$$

H と λE は次のバルク式で表すことができる．

$$H = c_p\rho C_H U(T_s-T) \tag{3.13}$$

$$\lambda E = \lambda\rho C_E U(q_{SAT}(T_s)-q) \tag{3.14}$$

ここで c_p は空気の定圧比熱，ρ は空気の密度，C_H は顕熱輸送のバルク係数（無次元），U は風速，T_s は積雪表面温度，T は気温，C_E は潜熱輸送のバルク係数（無次元），λ は $T_s=0°\mathrm{C}$ なら水の蒸発潜熱で $T_s<0°\mathrm{C}$ なら氷の昇華の潜熱，q_{SAT} は飽和比湿（saturated specific humidity），q は比湿（specific humidity）である．U，T，q はある基準高度における値を用いる．理論上，C_E は C_H より約 5% 大きいと考えられるが，観測的には差異を見いだすことが困難で基準高度 1 m においては $1.5\sim3\times10^{-3}$ の範囲にある（山﨑，1994）．

積雪表層の融雪を厳密に扱う場合は，式（3.8）～（3.14）のすべてを考慮して計算を行う必要がある．山﨑（1994）は Q_S，Q_{MB}，Q_R を無視して単純化した方法で Q_{MS} を求める方法を提示している．融雪が盛んな時期には，積雪全層が 0°C となり融雪水が地表面に向かって流れるため Q_S，Q_I，Q_{MB} は無視でき，この方法が有効となる．気温に対する飽和比湿曲線の傾き Δ は，気温 T においては $\Delta=(dq_{SAT}/dT)_{T=T}\approx(q_{SAT}(T)-q_{SAT}(T_s))/(T-T_s)$ と書け，これを使って式（3.14）から q_{SAT}（T_s）を消去すると，

$$\lambda E = \lambda\rho C_E U[(1-rh)q_{SAT}(T)+\Delta(T_s-T)] \tag{3.15}$$

ここで rh は相対湿度（relative humidity）である．次に T_s を求めるために仮

に定常状態であるとして $Q_T=Q_{MS}=0$ とおく．式（3.11）に（3.12），（3.13），（3.15）を代入して $C_E=C_H$ を仮定し，T_s^4 を気温 T のまわりで展開して1次項を用いると，次のようになる．

$$T_s=\frac{R_n-\lambda\rho C_H U(1-rh)\,q_{SAT}(T)}{4\varepsilon\sigma T^3+(\lambda\Delta+c_p)\rho C_H U}+T \qquad (3.16)$$

$T_s<0$ なら融雪は起こらない．$T_s>0$ なら融雪が起きているので $T_s=0$ と置き換え，式（3.13），（3.14）から H，λE を，式（3.11）から Q_{MS} を求めることができる．

3.3.3　積雪層底面からの融雪

北海道の積雪の少ない地域や高山の一部を除けば，日本で土壌が凍結することは稀である．このため，土壌が夏季に貯えた熱が冬季に積雪層底面を加熱し，積雪層底面で融雪が起きる．しかし，多くの場合，その量は積雪表層で起きる融雪と比べるとわずかである．図3.8の Q_G は土壌から積雪層底面に向かう伝導熱であるが，Q_G のすべてが底面の融雪に使われるとは限らず，Q_B として積雪を暖めるためにも消費される．すなわち，Q_G-Q_B が積雪層底面の融雪熱量となる．秋田谷（1969）は北海道天塩における41～43日間の観測から Q_G が 5.93～9.95 MJ/m^2，Q_B が 3.72～5.01 MJ/m^2 であり，積雪層底面の融雪は 0.08～0.50 mm/day としている．小島（1982）は北海道母子里で約 0.5 mm/day，最大 1.0 mm/day，倉島ほか（1999a）は岩手県の積雪期の平均値として裸地で 1.5 mm/day，落葉広葉樹林で 0.8 mm/day，和泉（1983）は2月の新潟市で最大 2.5 mm/day，Whitaker and Sugiyama（2005）は新潟県北部で 0.8～1.0 mm/day，勝島ほか（2006）は新潟県十日町市で12月が 3.7 mm/day，1月が 2.3 mm/day，2月が 1.5 mm/day，期間を通して 1.6 mm/day の底面融雪量を測定している．これらの結果は，北の地方ほど積雪層底面の融雪が少ない傾向を示しており，緯度による日照時間の違いが地温に反映された結果と考えられる（新井，1994）．積雪層底面の融雪は量的には少ないが，積雪地の冬期河川流量の約半分を占めており（新井，1994），水資源としては貴重である．

3.2.2項でも述べたように，笹ほか（1989；1990）は北海道北部の強風・寒冷地域においては無立木地の積雪が頻繁に風で移動するのに対し，森林は堆雪作用を持つと同時に林内の積雪を安定的に存在させるとしている．さらに林内の積雪は低温の外気を遮断して表土層の凍結を防止し，積雪層底面で融雪を生じさせてそれを土壌に浸透させる役割を担っていることを示した．このような強風・寒冷地域では，森林の存在が積雪層底面での融雪を通じて冬期の河川流量の維持に貢献しているのである．

3.3.4　気温に基づく融雪の推定

融雪量を日平均気温から推定する方法をディグリー・デー（degree-day）法という．日平均気温を$\bar{T}$，基準温度をT_Bとすると，積算融雪量SMは次のようになる．

$$SM = k \sum_{\bar{T}-T_B>0} (\bar{T}-T_B) \tag{3.17}$$

kは融雪係数（degree-day factor）と呼ばれ，通常2〜7 mm/(°C•day）である．T_Bは融雪限界気温（threshold temperature）と呼ばれ，0°Cまたは融雪が観測されるようになる日平均気温−3°C（石井，1959）とすることが多い．融雪係数は同じ場所においても一定ではなく，時間経過とともに増加傾向を示す（近藤，1994）．新井（1994）によると，融雪係数は季節，斜面方位，緯度にも依存し，計算上3〜11 mm/(°C•day）となる．Murakami and Takeuchi（2018）は，強風時に地形との関係で風当たりの強い場所と弱い場所で融雪量に大きな差が生じることを指摘している．このようなことから融雪量を気温のみから推定するには限界がある．しかし，広域を扱う場合，熱収支法で融雪の推定を行うことは困難であり，何らかの裏付けを取ったうえでディグリー・デー法を適用するアプローチが試みられている．朝岡ほか（2007）は人工衛星とアメダスのデータを使って日本の融雪係数の分布を推定し，積雪域の90％以上の地域で1〜11 mm/(°C•day）であることを示した．これは新井（1994）が示した値に近い．朝岡ほか（2007）は寡雪寒冷地域では融雪に占める放射の割合が大きく，低温下で融雪が進むために融雪係数が大きくなり，12 mm/(°C•day）以上となることもあるとしている．この傾向は宮田ほか（2012）によっても確認されている．

上記の研究は裸地を対象としたものであったが，次に森林の融雪係数の測定例を示す．Kuusisto（1980）はフィンランドにおける 20 年間の測定結果から，森林の融雪係数は 2.42 mm/(°C•day)，裸地は 3.51 mm/(°C•day）であり，*FC* が 10% 増加すると，0.16 mm/(°C•day）減少するとしている．Whitaker and Sugiyama（2005）が示したデータからは，3 月 14 日から消雪までの融雪係数が裸地（4 月 2 日消雪）では 3.05 mm/(°C•day)，カラマツ林（3 月 31 日）では 1.58 mm/(°C•day)，スギ林（4 月 4 日）では 1.68 mm/(°C•day）と算出できる．阿部ほか（2016）は露場（裸地)，広葉樹林，スギ林で融雪係数を測定した．それによると，3 月下旬には 3 箇所とも約 4 mm/(°C•day）であったが，4 月に入ると露場と広葉樹林で増加してそれぞれ 7.8 mm/(°C•day)，6.5 mm/(°C•day）にまで達した．スギ林では逆に 2.5 mm/(°C•day）に低下したが，この原因は不明としている．村上ほか（2018）は裸地と開空度の異なる 3 種類のスギ林で融雪係数を求めた．それによると裸地が 4.09 mm/(°C•day)，開空度 17.8% のスギ林では 2.34 mm/(°C•day)，5.2% では 2.13 mm/(°C•day)，2.4% では 2.38 mm/(°C•day）であり，Kuusisto（1980）が示したように *FC* の増加（開空度の低下）とともに融雪係数が減少する傾向は見られなかった．

ここまでに示した研究事例は，いずれも裸地で測定された気温と森林内の融雪量の関係を検討したものである．Whitaker and Sugiyama（2005）は裸地，カラマツ林，スギ林で測定した気温を用いて融雪係数を算出しており，3 月 14 日から消雪までの値はそれぞれ 3.05 mm/(°C•day)，2.10 mm/(°C•day)，および 2.21 mm/(°C•day）であった．村上ほか（2018）も同様に裸地と開空度の異なる 3 種類のスギ林の各々で測定した気温から融雪係数を得ており，開空度が大きい地点から順に，4.09 mm/(°C•day)，2.83 mm/(°C•day)，2.70 mm/(°C•day)，2.90 mm/(°C•day）であった．裸地の気温から求めた融雪係数と森林の気温から求めた融雪係数との差は，Whitaker and Sugiyama（2005）では 0.52～0.53 mm/(°C•day)，村上ほか（2018）では 0.49～0.57 mm/(°C•day）の範囲にあり，二つの研究で同程度となった．

3.3.5　融雪の標高依存性

気温は標高の増加とともに低くなるため，標高の高いところほど融雪の開始時期は遅くなる．しかし，対象とする流域全体が融雪期に入ると（流域の最高地点で$\bar{T} \geq 0$を目安とする)，通常，融雪量は標高に依存しないようになる．札幌市郊外の手稲山（図 3.9）と北海道の大雪山系旭岳における調査では，対象とするすべての標高が融雪期に入った後には融雪量は標高に依存しなかった（山田ほか，1978；Yamada，1982）．森林総合研究所宝川森林理水試験地での調査でも，流域全体が融雪期になる 4 月中旬以降では融雪量は標高に依存しなかった（小池ほか，1985a；1985b）．これらの研究は約 2 ヶ月にわたるスノーサーベイに基づいているため，融雪期全体を通しての傾向を反映している．

小島ほか（1970；1971；1972；1973）は，北海道母子里の標高 290 m の平地と 547 m の山頂，および流域内の方位の異なる斜面において融雪観測を行った．融雪量は当然ながら南寄りの斜面で多くなり，気象条件に依存して山頂のほうが平地よりも融雪が多くなることもあれば，少なくなることもあった．小島ほかの一連の研究では微気象観測に基づく熱収支計算も行っており，融雪メカニズムを検討するには有用である．しかし，小島ほかでは一融雪期の観測期間が一週間程度と短いため，その期間の気象条件の影響を強く受けている．

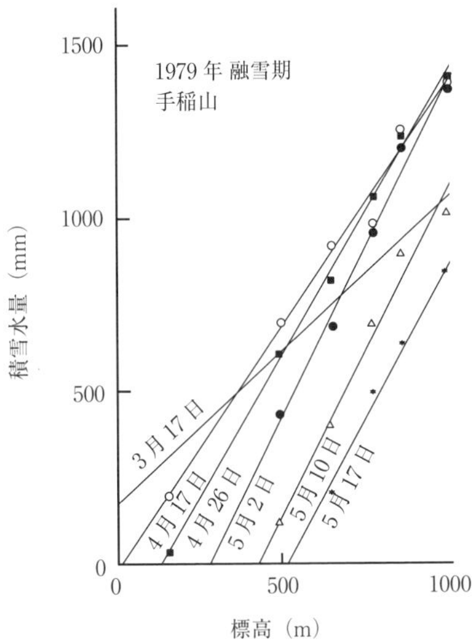

図 3.9　融雪期における標高と積雪水量の関係
調査域全体が融雪期に入った 5 月 2 日以降は，融雪は標高に依存しない．
Yamada (1982) より．

このため小島ほかの研究は，山田ほか（1978），Yamada（1982）および小池ほか（1985a；1985b）が指摘した融雪量が標高に依存しないことの原因を解明するまでには至っていない．

3.3.6　森林が融雪に及ぼす影響

林内の日射と風速は林外よりも小さいことが影響し，通常，林内では融雪が遅れる．しかし，その具体的なプロセスは林分構造や気象条件に依存して大きく変化する．ここではプロセスを中心に森林と融雪との関係を述べるに留め，森林施業の視点から見た融雪現象は 3.4.2 項で記述する．林内の融雪熱収支を算出するために気象観測を行う場合，冠雪が落雪して気象測器の破損が発生する可能性がある．このため林内の融雪熱収支の観測は，落葉樹林や樹冠閉鎖度の小さな（開空率の大きな）森林，降雪の少ない国や地域の森林，あるいは冠雪の起きない春先に行われたものが多い．

Hardy *et al.*（1997）はカナダ・サスカチュワン（北緯 53.9°，年平均気温 0.1°C）の常緑針葉樹林（ジャックパイン）における観測から，融雪の熱源は短波放射と顕熱であり潜熱は負の値（雪面からの蒸発）であったとしている．Hardy *et al.*（1998）は同じくサスカチュワンの落葉広葉樹林（ポプラ）において，融雪はほとんど短波放射だけで起きており，顕熱は融雪にごくわずかしか寄与せず，潜熱は寄与していないことを明らかにした．

倉島ほか（1999b）は岩手県の開空率 37.2% のアカマツ林で融雪観測を行った．積雪期全体では裸地，林内ともに放射が主な融雪の熱源であり，顕熱は放射と比較するとわずかな寄与しかなく，潜熱は負の値であったとしている．

Suzuki *et al.*（1999），Suzuki and Ohta（2003）は岩手山の裸地，および林分密度 411 本/ha と 1433 本/ha の二つのカラマツ林において融雪観測を行った．それによると，裸地よりもカラマツ林で融雪期間（消雪までの期間）が長くなり，二つのカラマツ林を比較すると 1433 本/ha の林分のほうが 411 本/ha の林分よりも融雪期間が長かった．3 地点とも純放射が融雪の最大の熱源であったが，3 地点間の純放射量の差は小さかった．これは林分密度が高い林分ほど日射の遮蔽効果が大きくなるのと同時に，アルベドが小さいために日射を吸収しやすく，両者が相殺する結果である．3 地点において融雪量に差が生じる

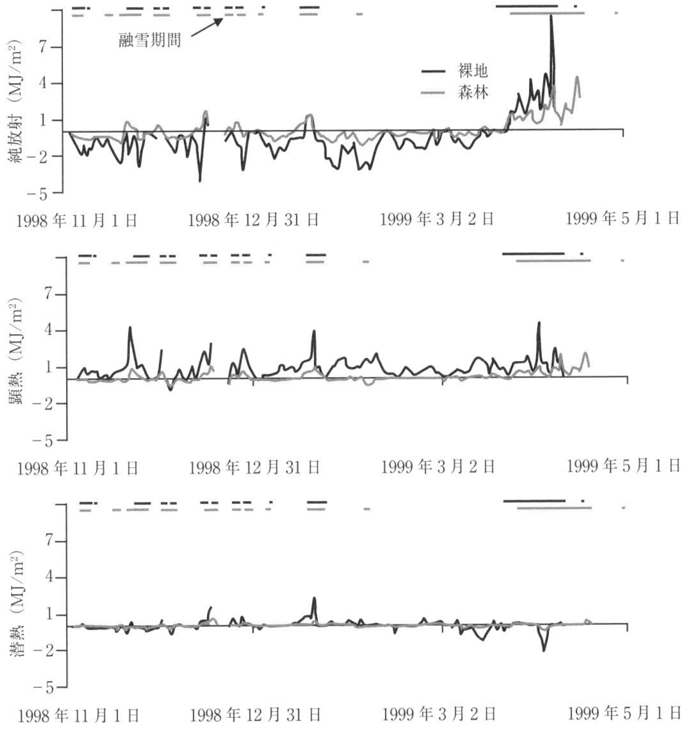

図3.10 フィンランドの裸地と針葉樹林における一冬期間の融雪熱収支
Koivusalo and Kokkonen (2002) より.

原因は，林分密度の増加とともに顕熱の寄与が小さくなることであった．潜熱の融雪への寄与はほとんどなかった．

Koivusalo and Kokkonen (2002) はフィンランドの裸地と針葉樹林（北緯60.1°）において，冬期間の降積雪・融雪観測とモデル計算を行った．図3.10は裸地と林内における融雪熱収支である．厳冬期の裸地では暖かい曇りの日に融雪が生じ，その最大の熱源は顕熱であったが，ときどき潜熱が寄与することがあった．裸地，林内ともに厳冬期には純放射は負の値となって雪面から熱を奪っていたが，ときどき正の値となることもあった．春の遅い時期（3月下旬から4月）になって日射の増加とともに純放射は正の値となり，融雪に寄与する最大の熱源となった．顕熱は積雪期全体では純放射と同程度の寄与があったが，潜熱は融雪にほとんど寄与していなかった．

Hotovy and Jenicek（2020）はチェコの健全なトウヒ林（葉面積指数，leaf area index：LAIが2.60），キクイ虫被害を受けたトウヒ林（LAIが2年で1.10から0.84に減少），および裸地で3冬期間の積雪・融雪観測を行った．3箇所の測定地では，それぞれ4成分の放射（上向き・下向きの短波と長波）も測定された．融雪量は，裸地，被害林，健全林の順に大きかった．裸地と被害林では融雪に対する短波放射の寄与が最大となったが，長波放射はむしろ負の値を示す傾向であった．健全林では長波放射の寄与が最大で，短波放射の寄与が2番目に大きかった．顕熱は3箇所すべてで少ないながらも融雪に寄与したが，潜熱はほとんどの場合に負の値となった．Hotovy and Jenicek（2020）は土壌から積雪層底面に向かう伝導熱 Q_G と雨水による積雪表層への熱供給量 Q_R についても値を示している．Q_G は裸地と被害林では融雪エネルギー全体の3% であるが健全林では9% となり，Q_R は雨の多い月には8% を超えるとしている．

これらの研究で共通していることは，融雪の熱源としての純放射の寄与が大きいこと，顕熱もある程度寄与する場合があること，潜熱は融雪の熱源になっていないか，むしろ負の値となって積雪を冷やしていることである．しかし，次に示すように，これらの結果とは異なり，潜熱がかなり大きいとする研究もある．

小池ほか（1995）は新潟県苗場スキー場の標高1500 m に位置する裸地，ダケカンバ林（日射遮蔽率44%），オオシラビソ林（同80%）で4月から5月にかけて融雪観測を行った．観測期間全体では裸地，林内の区別なく融雪に占める放射の割合が約50% であり，放射と顕熱の値は日射遮蔽率の増加にともなって減少する傾向を示した．4月にはすべての地点において潜熱はほとんど融雪に寄与しなかったが，5月になると裸地とダケカンバ林で約25%，オオシラビソ林で約50% の融雪が潜熱によるものであった．

Murakami and Takeuchi（2018）は新潟県十日町市の裸地（森林被覆 $FC=0$ %）と $FC=82.2$%，$FC=94.8$%，$FC=97.6$% の3種類のスギ林で4月から5月初めにかけて融雪観測を行った（図3. 11）．裸地では融雪のほとんどが放射によるもので，顕熱と潜熱はほとんど寄与していなかった．森林被覆の増加と

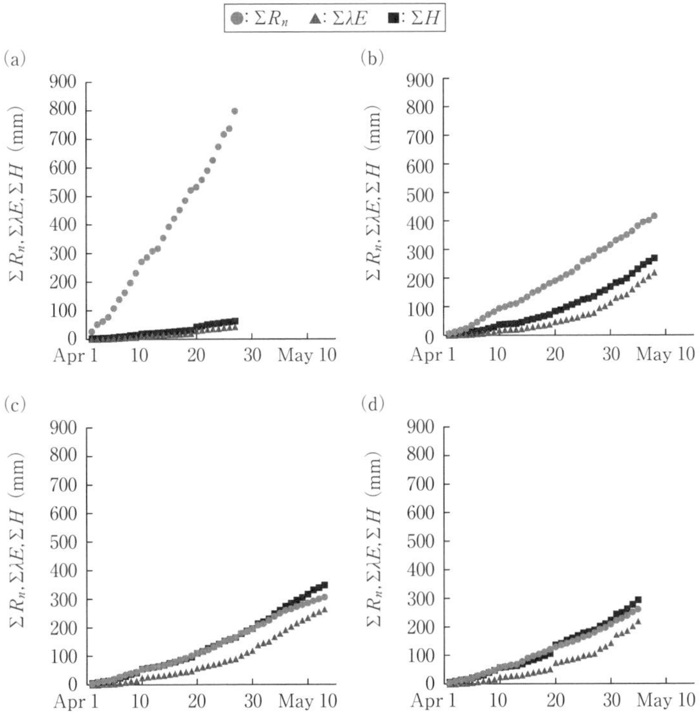

図 3.11　裸地とスギ林における融雪熱収支

(a) 裸地（森林被覆 FC=0%），(b) FC=82.2%，(c) FC=94.8%，(d) FC=97.6% の 3 種類のスギ林．縦軸はすべて積算値で，純放射 ΣR_n，顕熱 ΣH，潜熱 $\Sigma\lambda E$ は融雪水量に換算してあるため，単位が mm となっている．顕熱と潜熱に不連続が見られるのは，強風・高温に起因する融雪の増加による．Murakami and Takeuchi (2018) を改変．

ともに放射の割合は低下し，顕熱と潜熱の割合が増加した．FC=94.8% と FC=97.6% のスギ林では，観測開始当初から放射と顕熱は同じくらい融雪に寄与している．これらの二つのスギ林においては，融雪末期の融雪熱源は顕熱・潜熱・放射がすべて同程度かまたは顕熱・潜熱が放射を上回っていた．

小池ほか（1995）と Murakami and Takeuchi（2018）の研究では，観測期間が 5 月中旬にまで及んでおり，しかもここで取り上げた研究の中ではいちばん低緯度の新潟県で観測を行っているため，融雪末期の潜熱または顕熱の割合が他の研究よりも大きくなっている．これは季節の進行による気温上昇で大気と雪面の間で顕熱交換が盛んになるとともに，大気中の水蒸気量が増加して雪面への凝結による熱交換（潜熱放出）も活発化することによる．このように，森林被覆や対象とする時期（すなわち気象条件）によって，融雪の熱収支成分は大きく変化する．

この項（3.3.6）の冒頭では，林内の風速は林外よりも小さいことが影響して林内では融雪が遅れると述べた．すなわち，式（3.13），（3.14）では顕熱と潜熱による融雪が風速に比例して増加する形になっているため，風速が小さい林内では顕熱と潜熱の寄与は小さくなる．ところが，図3.11では風速が小さい林内において顕熱と潜熱による融雪が林外（裸地）よりも大きくなっている．式（3.13），（3.14）には気温と比湿もパラメーターとして入っているが，これらが林内で大きな値となり，林内の顕熱と潜熱が多くなるとは考えにくい．実は，図3.11において林内の顕熱と潜熱が林外よりも大きくなるのはバルク係数が大きいためであり，風速の大小関係から林内外の融雪を論じるのは必ずしも正しくない．バルク係数と林分構造の関係についての研究はほとんどなく，どのような仕組みで林内のバルク係数が大きくなるのかは不明である．

ところで，式（3.13），（3.14）の風速は水平風速のみを考慮した形になっている．このため，水平風速がゼロならば計算上の顕熱も潜熱もゼロとなる．しかし，実際には日射等で立木表面が加熱されると上昇気流が発生するので，水平風速がゼロであってもこれに起因する大気の鉛直混合が顕熱と潜熱の交換に寄与するはずである．Murakami and Takeuchi（2018）は森林被覆が82.2%の森林（図3.11b）において，融雪量の計算値と観測値を一致させるためには融雪末期にバルク係数を増加させる必要があるとしている．これは開空度の比較的大きな林分において，季節の進行とともに林内日射量が増大し，樹体表面が熱せられて大気の鉛直混合が盛んになり，その結果バルク係数が大きくなったと解釈することができる．

Yamazaki and Kondo（1992）は積雪層だけでなく，樹冠の熱収支も考慮した融雪モデルを開発した．図3.12はその計算例で，横軸の C^* は森林の無次元密度である．C^* の値は極端な疎林で 10^{-3}，落葉樹林などの疎な林分は約0.1，平均的な閉鎖林で0.3，密な針葉樹林では1を超える．図3.12（a）～（c）ではいずれも疎林になるにつれて融雪がアルベドに依存するようになる．逆に密な森林では日射が雪面に達しないため融雪がアルベドに依存せず，樹冠

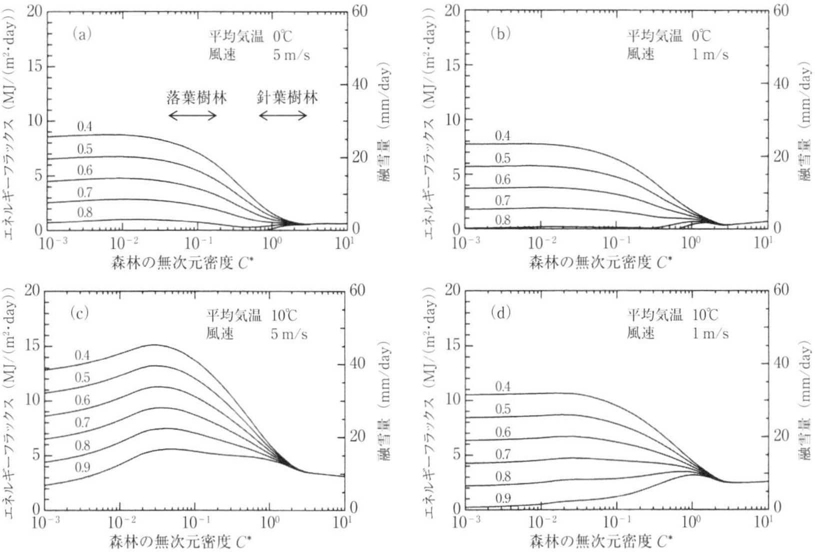

図 3. 12　樹冠層と積雪層の熱収支を考慮した融雪モデルによる日融雪量の計算例
図中の数値は積雪面のアルベド．Yamazaki and Kondo (1992) より．

から雪面に向かう長波放射で雪が融ける．平均気温 0°C，風速 5 m/s（図 3. 12a）では森林が疎になるほど雪が融けるが，同じ条件で風速を 1 m/s に下げても，融雪はあまり変化しない（図 3. 12b）．この結果は主に林分密度とアルベドが融雪を決めている点で，前述の Suzuki *et al.* (1999)，Suzuki and Ohta (2003) の結果と調和的である．平均気温 10°C，風速 5 m/s（図 3. 12c）では，平均気温 0°C，風速 5 m/s（図 3. 12a）の場合よりも気温が上昇したことによって融雪に占める顕熱と潜熱の割合が増大することで融雪が促進される．この結果は小池ほか (1995)，Murakami and Takeuchi (2018) と調和的である．C^* の減少とともに融雪が減少するのは，樹冠からの下向き長波放射の減少に加えて積雪表面付近で大気の安定度が増すことによる（大気の安定度については近藤 (1994) など，気象学の参考書を参照）．同じ条件で風速を 1 m/s に下げると大気はより安定になるが，疎林での融雪の減少傾向がなくなる（図 3. 12d）．すなわち風速が弱くなると，顕熱と潜熱の C^* 依存性が減少する．本項で例示したような融雪熱収支の研究は様々な地域の森林で行われているが，

Yamazaki and Kondo (1992) のモデルと照らせば，その違いが何に起因しているのかをある程度整理できる．

Yamazaki and Kondo (1992) のモデルはアルベドをパラメーターとしており，特に疎林においてはアルベドが重要となる．Melloh *et al.* (2002) は米国バーモント州の裸地と林内でリターとアルベドの観測を行うとともに，これらをモデルで再現した．積雪が増加する時期には裸地，林内ともにアルベドは高い値に保たれるが，融雪期になると急激なアルベドの低下が見られた．Lu *et al.* (2017) は融雪末期において，開空率80%の森林ではリターが融雪を促進したが，20%の森林では抑制したとしている．Suzuki *et al.* (2006) はシベリアの裸地とカラマツ林内における観測から，積雪密度が150〜350 kg/m^{3}の範囲ではアルベドが積雪密度と線形関係にあることを示した．これはアルベドが積雪粒子の粒径や積雪の含水率とともに増加することを反映していると考えられる．

日平均気温が0°C前後の温暖な積雪地域では，冠雪の融解による滴下が無視できない．3.2.2項で述べたように，Storck *et al.* (2002) は米国オレゴン州の温暖積雪地での観測において，針葉樹の冠雪のうちの3割のみが林床へ落雪し，7割は樹冠上で融けて林床へ滴下することを示した．Whitaker and Sugiyama (2005) は，新潟県の裸地とスギ林でライシメーター (lysimeter) による融雪観測を行った．それによると，厳冬期でも冠雪が融解・滴下する現象が頻繁に起きており，このために裸地よりもスギ林のライシメーターにおいて融雪流出が多くなることがあるとしている．冠雪の融解・滴下は研究例が少ないが，暖候積雪地域では重要なプロセスである．

3.4　融雪流出と森林

3.4.1　積雪層内の融雪水

前節で述べたように，融雪の大部分は積雪表層で生じる．融雪が本格化するまでの時期においては，積雪表層から供給された融雪水は積雪層内で凍結したり帯水層となって貯留されたりして，流出に寄与しないこともある．一方，積雪層全層が0°Cとなって融雪が盛んになっても，条件によっては融雪水が土壌に到達するまでになりの時間を要することが知られている（新井，1994）．

小島・本山（1984）は積雪表層から供給される融雪水を熱収支から算出し，同時に積雪の下の地表面に埋設したライシメーターで融雪水を測定した．積雪表層では正午前後に融雪水量のピークが現れたが，ライシメーターの融雪水量がピークとなるのはその何時間か後であり，積雪深が大きいほど遅れ時間（lag time, time delay）が長くなる傾向が見られた（図3.13）．たとえば積雪深1mでは遅れ時間は5～6時間であるが，融雪水が地中を経て河川へ流出するまでにはさらに時間がかかる．さらに小島・本山（1984）は，地表面から高さ35cmの積雪中にもライシメーターを設置し，地表面に埋設したライシメーターとの比較観測を行った．それぞれのライシメーターの融雪水量がピークとなる時刻の差（遅れ時間）は日融雪量が小さいほど大きくなり，特に日融雪量が9mm/dayよりも小さいと遅れ時間が大きくなる傾向が見られた（図3.14）．石井ほか（1992）は裸地と森林において遅れ時間の経時変化を解析し，林内では融雪水量が小さいために遅れ時間がより大きくなることを示した．融雪水は積雪層の中を不均一に浸透・流下し，その挙動は複雑であるため（勝島，2013），融雪水浸透の時間遅れを定式化することは難しい．また，積雪層内の雪質によっても浸透の状況は大きく変化する．Nomura（1994）は，積雪層内

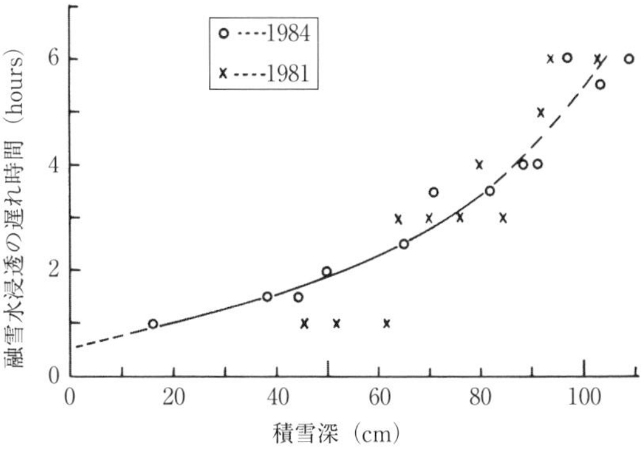

図3.13　積雪深と融雪水浸透の遅れ時間の関係

遅れ時間は，ある日に積雪層の下の地表で測定した融雪水量がピークとなる時刻とその日に積雪表層での融雪量がピークになる時刻の差として定義される．積雪表層での融雪は熱収支から算出し，日融雪量が10mm/day以上の場合のみを示してある．小島・本山（1984）より．

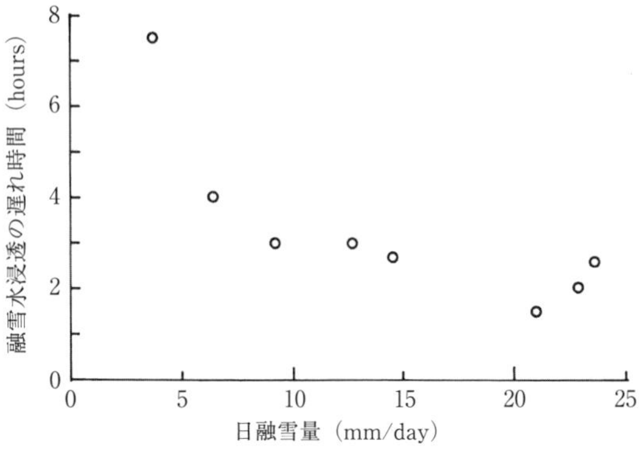

図 3. 14　日融雪水量と融雪水浸透の遅れ時間の関係
地表面から高さ 35 cm の積雪層内において測定された値．小島・本山（1984）より．

に氷板が存在すると融雪水が氷板上に貯留されて局所的な集中排水が生じ，その部分の日融雪流出量は平均的な値の 30 倍以上になるとしている．

この時間遅れと積雪層内の融雪水の不均一な浸透は融雪流出過程の大きな特徴である．もうひとつの特徴は，融雪が盛んになると，消雪までの毎日，数十 mm の 0°C の水が地表面に供給され，土壌が湿潤に保たれることである．しかし，これらの点を除けば，流域における融雪水の河川への流出は降雨の河川への流出（第 3 巻第 1 章）とまったく同様に扱うことができる．

3. 4. 2　森林施業が融雪流出に及ぼす影響

森林施業（silvicultural practice）による積雪・融雪の変化を端的に表現するならば，森林を伐採すると樹冠遮断が減少するので流域により多くの積雪が貯えられると同時に，融雪が促進されるということに尽きる．しかし，融雪水の河川への流出は標高や地形の因子も含め，これまで述べた個々のプロセスがすべて統合された形で現れるため，定式的な予測を行うことは困難である．ここでは試験流域（experimental watershed）において実際に皆伐，植栽，部分的な伐採を行った研究例を中心に森林施業と融雪流出の関係を述べる．

Shimizu *et al.*（1992）は森林総合研究所宝川森林理水試験地の初沢流域（3. 2. 3 項参照）において，森林施業が融雪流出に及ぼす影響を 30 年間のデータに基づいて解析した．この流域は南向きの斜面が多くを占めており，1947

年以前はブナ60%，ヒバ18%，ナラ12%，その他10% からなる落葉広葉樹を主とする原生林であった．その後1963年までに流域全体が皆伐され，1966年までにスギが流域の下流部と中流部に，カラマツが上流部にそれぞれ植栽された．しかし，植栽されたのは流域全体の45% のみで，上流部の多くは伐採後，植栽されずに放置された（吉野・菊谷，1985）．植栽されなかった部分は，その後，灌木帯または広葉樹二次林となっているが，植栽木は特に中流部・上流部において豪雪のために生育が悪く，不成績造林地となっている（村上ほか，2003）．

Shimizu *et al.*（1992）は，流域が原生林であった10年間，皆伐直後の10年間，および植栽から13〜22年後の10年間の3期間について，10年平均のハイドログラフ（hydrograph）を比較した（図3.15）．ハイドログラフとは，横軸を時間経過，縦軸を河川流出量として流出量の時間変化を示したグラフのことで（第3巻第1章参照），縦軸の単位は，通常，雨量や積雪水量と同様にmm である．すなわち河川流出量は，流域河川からの単位時間当たりの流出量（たとえば m^3/sec）を測定し，それに時間（図3.15では1日）を乗じ，流域面積で除して求めることができる．落葉広葉樹が多くを占める原生林においては，森林被覆が小さいにもかかわらず皆伐後よりも融雪流出のピークが明らかに遅く，しかも融雪流出が長期間継続している．これは3.3.6項のSuzuki *et al.*（1999）の例のように落葉樹であっても融雪遅延（snowmelt delay）効果があることに加え，初沢流域では5月に落葉樹が展葉するために融雪遅延効果が増強されることによる．植栽後は皆伐後よりも融雪の開始と融雪流出のピークが遅くなっているが，植栽後も特に流域の上流部はかなりの疎林となっている（図3.16）．初沢流域では，落葉樹林や疎林の状態であっても流域全体としては森林の存在による融雪遅延効果が現れていることがわかる．さらにShimizu *et al.*（1992）は，これら三つの時期における融雪期間の長短の差は流域末端の裸地（気象観測露場）の積雪深が小さい年ほど大きくなること，融雪流出の遅れ時間（日融雪流出のピークと日最高気温の出現時刻の差）は流域末端の積雪深が深いほど大きく，皆伐後，植栽後，原生林の順に大きくなることを示した．この融雪流出の遅れ時間の傾向は，3.4.1項で述べた内容と一致する．

志水・吉野（1996）は初沢流域内のサブ流域である初沢1号沢（6.48 ha,

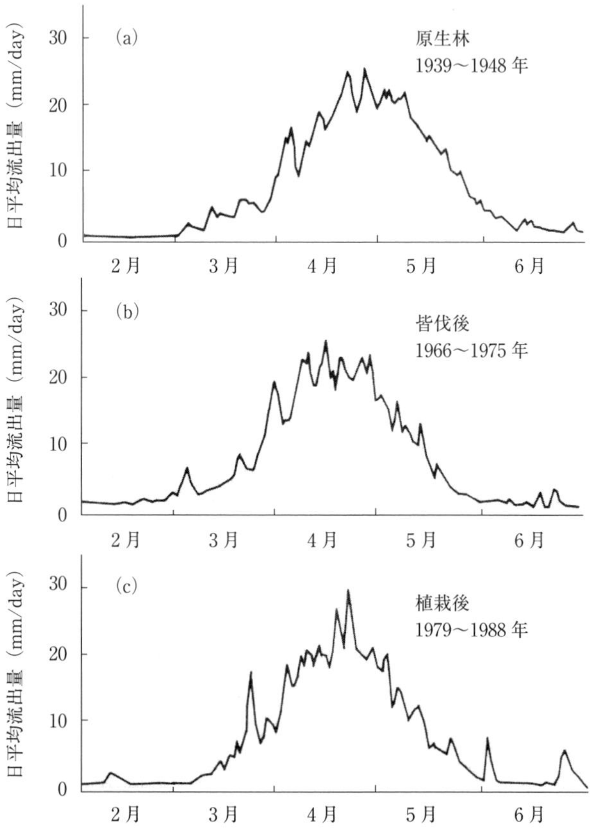

図3.15　宝川森林理水試験地の初沢流域における厳冬期から融雪期にかけてのハイドログラフ
(a) 広葉樹林（1939～1948年），(b) 皆伐後（1966～1975年），(c) 針葉樹植栽後（1979～1988年）．Shimizu *et al.* (1992) より．

標高806～1074.5 m）において斜距離約50 mごとに等高線に沿って森林を帯状に伐採し，伐採前後の融雪流出を解析した．流域の主な樹種はヒバ，ブナ，ナラで，流域は南向きである．流出率（runoff rate, この場合は流域からの流出量を，融雪開始時の積雪水量と融雪期間の降水量の合計で除した値）は伐採前が64.5%，帯状伐採後が70.9%であり，融雪期間は伐採によって8日程度長くなった．しかし，融雪流出の開始・ピーク・終了の時期はいずれも伐採前よりも早くなった．

図 3.16　宝川森林理水試験地・初沢流域の中流部から上流部
右岸尾根の標高 1100 m 付近から植栽後 30 年が経過した 1996 年 4 月に撮影．左が上流になる．谷沿いを中心にスギの疎林が広がり，対岸の尾根付近は広葉樹二次林，または灌木帯となっている．灌木帯は完全に積雪に埋もれており，写真では雪原として見えている．村上ほか（2003）より．→口絵 4

Pomeroy *et al.*（2012）はカナダ・アルバータ州のマーモットクリーク試験流域（Marmot Creek Research Basin, 9.4 km^2，標高 1600～2825 m，常緑針葉樹林）において，融雪流出と林況の関係を検討するために年間を通して適用できる水文モデルを開発した．このモデルには，風による積雪の再移動や放射の斜面方位依存性など，本章で述べたほとんどすべてのプロセスに加え，雨の樹冠遮断，土壌水分と流出プロセスなどが組み込まれている．モデルの妥当性は観測データによって検証されており，そのうえでアメリカマツノキクイムシによる被害，山火事，伐採など 40 種類の様々な森林撹乱（forest disturbance）に対する融雪流出の応答をシミュレートしている．これによると，森林が撹乱を受けると樹冠遮断が減少するため，流域の総流出量は常に増加するとしている．また，森林撹乱の程度が同じである場合，流域内での標高が高い場所での撹乱のほうが低い場所での撹乱よりも総流出量の増加が多くなる．これは高標高の場所ほど降雪が多いので，撹乱による樹冠遮断が大きく減少するためである．シミュレーションの中で流出量の増加がいちばん大きかったのは，山火事で幹のみが残存した場合であった．この場合は樹冠遮断が最小となり，かつ残存した幹による風速の減勢効果により風で生じる飛雪の蒸発も抑制されるためである．融雪流出のピーク時期については Shimizu *et al.*（1992），志水・吉野（1996）の結果とは異なって森林撹乱の影響を受けないとしている．しかし，ピーク流量は撹乱の影響を受け，たとえば南向き斜面のみを伐採すると，北向き斜面のみを伐採した場合と比較してピーク流量が増加した．

Ellis *et al.*（2013）は Pomeroy *et al.*（2012）と同じ流域内のサブ流域に作られた多数の円形伐採地と，残存する森林内の両方で積雪・融雪観測を行った．円形伐採地の直径は樹高と同程度で，円形伐採地はハニカム状に配置された．流域内のほとんどの斜面は北，または南向きである．円形伐採地の積雪は斜面方位に無関係に林内の約 2 倍多くなり，融雪量は日射との関係で斜面方位に強く依存した．南向き斜面の円形伐採地では融雪の開始・終了がともに林内よりも早く，逆に北向き斜面の円形伐採地では融雪の開始・終了がともに林内よりも遅くなったことにより，流域全体の融雪期間は長くなった．図 3. 17（a）はこの結果をモデル計算で再現したものである．このモデルを使って仮想的に流域を水平に 90° 回転させて融雪を計算すると，円形伐採地での融雪の開始・終了は斜面の向きに依存せず，東向き，西向きともに同時期となったが，融雪の開始・終了は林内よりも遅くなり，流域全体の融雪期間は施業なしの場合よりも長くなった（図 3. 17b）．このことは森林施業による融雪の応答が日射，すなわち太陽高度や緯度にも依存することを示している．Onuchin *et al.*（2018）も Ellis *et al.*（2013）と同様に，群状択抜を行うことで林分全体の積雪が増加すること，さらにその増加量は風下に位置する斜面において多くなることを示した．

Sun *et al.*（2018）は円形伐採地を融雪モデルに組み込み，円形伐採地が融雪と流域流量に及ぼす影響を検討した．その結果，円形伐採地の半径を r，周囲の林木の樹高を h としたとき，円形伐採地の融雪速度は $0.5 \leq r/h \leq 1.2$ において大きく変化し，春の初めまでは小さいが，その後は急激に大きくなること，円形伐採地の総面積が同じならば，少数の大きな伐採地を配置した場合よりも多数の小さな伐採地を配置したほうが残雪が長く存在することを示した．具体的には，多雪地帯である米国ワシントン州のチワワ流域（Chiwawa watershed，446 km^2，標高 570～2822 m，流域の 69% が森林）を対象としたモデル計算で直径 60 m の円形伐採地を流域の 24% に配置した場合，渇水期である夏の終わりから秋にかけての月 7 日低水流量（1 ヶ月を通じで 7 日はこれを下回らない流量）が 13.5%～40% 増加することが示された．

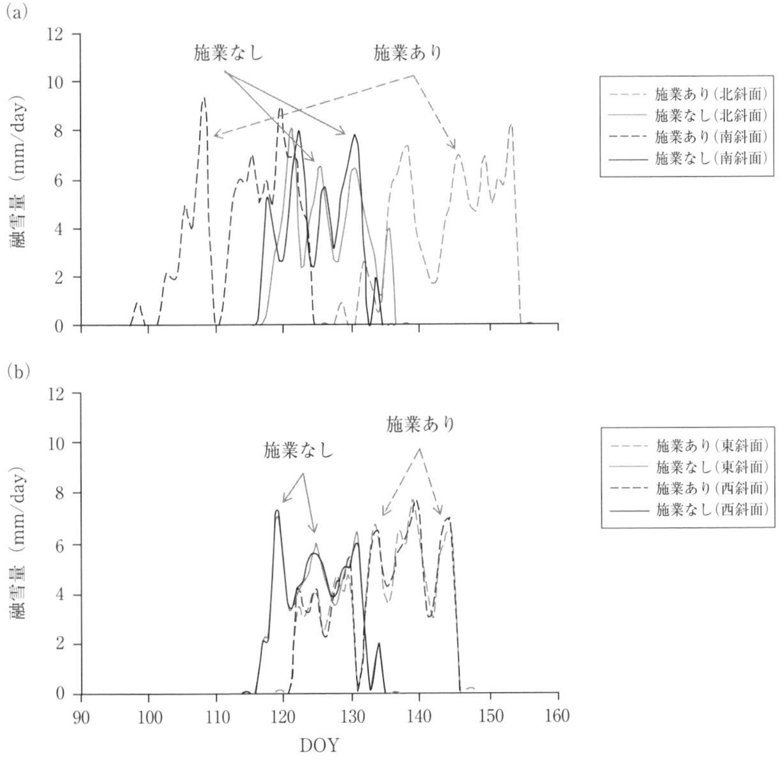

図 3.17　施業なしの流域と施業あり（多数の円形伐採）の流域における融雪量の計算値

(a) 実際の流域を対象とした場合で，流域の多くは北または南向き斜面からなる．斜面方位と施業の有無で融雪の時期が異なる．(b) 実際の流域を仮想的に水平に 90° 回転させた場合．流域の多くは東または西向き斜面からなる．斜面方位による差はほとんどなく，施業の有無でのみ融雪の時期が異なる．Ellis *et al.* (2013) より．

前述のように，志水・吉野（1996）は初沢 1 号沢の帯状伐採の結果，融雪流出の開始とピークの時期がともに伐採前よりも早まったとしている．初沢 1 号沢流域は南向きであり，Ellis *et al.* (2013) の南向き斜面においても同様に融雪流出の開始とピークの時期がともに伐採前よりも早まっている．帯状や円のように部分伐採によって融雪遅延効果を発揮させる施業は，残存木が伐採部分の日射を遮蔽することによって機能しているため，融雪は斜面方位に強く依存する．

3.4.3　水資源としての積雪と森林管理

これまでに述べた通り，森林は通常，融雪遅延効果を持っており，流況（flow regime, river regime）の安定化に貢献している．流況は年間の365個の日流出量を大きい順に並び替えた流況曲線（flow duration curve, discharge duration curve）で評価することが多く，流況曲線の変化が小さいほうが河川流量が安定的で水資源として好ましいとされている（第3巻第1章).

Shimizu *et al.*（1992）の研究では原生林，皆伐後，植栽後の三つの期間のうち，原生林の融雪遅延効果が最大であった．しかし，植栽後の立木の成長とともに流況が原生林の状態に近づいていることから，原生林が水源林として最善であると結論するのは早計である．志水・吉野（1996）の帯状伐採，Ellis *et al.*（2013）の円形伐採はいずれも総流出量と融雪期間の両方を増加させる点で，水源林管理の方法としては有効である．しかし，林業的な視点からは，残存木の存在によって皆伐時よりも木材搬出により多くの労力を要するという難点がある．また，前項で述べたように，融雪の開始から終了までの時期が流域の斜面方位に強く依存する点には留意する必要がある．

武田（2001）は，落葉広葉樹林は堆雪機能が高く，スギ林は融雪遅延機能が高いことに着目し，両者を組み合わせて針広帯状森林とすることで森林の貯雪・融雪遅延効果が最大に発揮されるとしている．図3.18に新潟県十日町市の針広帯状森林の林況と，設定された長さ145 mの測線における融雪期の積雪深変化を示した．測線は南北方向に設定されており，幅19 mと幅49 mの落葉広葉樹林帯の両側にスギ林帯が配置されている．これら二つの落葉広葉樹林帯の南端付近で積雪深が大きく，両地点では遅くまで積雪が融け残ったのに対して，スギ林では樹冠遮断が大きいために積雪深が小さく，消雪も早かった．これらの傾向は調査が行われた4年間にわたって確認されている．さらに，落葉広葉樹林が風速を低下させて降雪を捕捉するため，落葉広葉樹林内の積雪は林外の裸地よりも多くなったとしている．

武田（2001）の研究でも志水・吉野（1996），Ellis *et al.*（2013）と同様に，①落葉樹林内または伐開地においては常緑樹林内よりも積雪が多く貯えられるため，②隣接する常緑樹林による日射の遮蔽効果を利用して融雪遅延させ，水

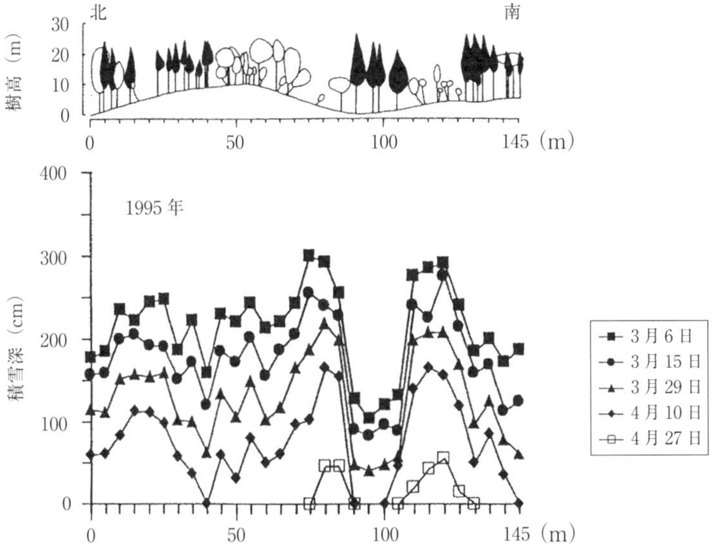

図 3. 18　針広帯状森林の林況と融雪期における積雪深の変化
武田（2001）より．

源林としての効果を高めている．しかし，①の効果を間伐された常緑樹林のギャップ（林孔）で代用し，②の役割を間伐されなかった立木が担うことで，上記の部分伐採と似た機能を発揮させることができるはずである．武田（1998）は強度に間伐されたスギ林では，林内の積雪深は林外の積雪深よりやや少ないかほぼ同じになり，林内の消雪は林外よりも 20 日以上遅かったとしている．Murakami and Takeuchi（2018）も，裸地と森林被覆が 82.2% のスギ林では積雪水量がほとんど同じであったが，スギ林の消雪は裸地よりも 9 日遅かったとしている（3. 2. 2 項，図 3. 5）．しかし，スギなどの常緑樹の森林被覆と林内積雪・融雪の関係を森林施業の視点から調査した研究はまだ少なく，指針を設定できる段階には至っていない．

一方，落葉樹林は樹冠遮断による冠雪の蒸発がほとんどなく融雪遅延効果もあることから，積雪地域の水源林として有効であると考えられる．このことは Shimizu *et al.*（1992）の例を見ても明らかである．Buttle *et al.*（2018）はカナダのオンタリオ州において，落葉樹林に皆伐，材積で 35% の択伐，材積で

39％の母樹保存伐をそれぞれ施した場合の流出量変化を調べた．いずれの場合も施業前と比較して年間流出量，基底流出量および直接流出量（第3巻第1章参照）が増加した．冬季と春季には，施業を行ったいずれの流域でも流出量の増加が見られた．これは施業で積雪と融雪が増加したためと考えられる．しかし，落葉樹林をどのように管理すれば水源林としての機能が最適に発揮できるかについては，常緑樹と同様に研究例が少ないため，今後研究を進める必要がある．

本項で述べたいずれの森林管理手法も，積雪の少ない地域では意味を成さないと考えられる．少量の降雪が何度もある場合は，その合計と同じ量の雪が一度に降る場合よりも樹冠遮断率が大きくなり（3.2.2項），林内積雪が裸地よりも大幅に少なくなる．また，Storck *et al.*（2002）が報告しているように冠雪の融解が盛んで林内積雪が少なくなる地域も存在する（3.2.2項）．これらの地域では，Suzuki *et al.*（1999）が示したように落葉樹林が水源林として最も効果を発揮すると予想される．これまでに得られた成果を踏まえてさらに研究を重ねれば，対象とする地域の気象・積雪特性に応じた水源林の管理指針を確立することは可能なはずである．

おわりに

近年，森林水文学における雪の研究には飛躍的な発展の兆しが見え始めている．これは計測技術の進歩によって従来は考えられなかった高精度のデータが大量に得られるようになり，それにともなってシミュレーションの高度化が達成されつつあることによる．

冠雪量は降雪粒子の形態や樹冠の3次元構造に依存して変化する（3.1.2項）．すなわち，あられ，みぞれ，雪の違い，および樹枝状，六角板，針状などの雪結晶の形（亀田・高橋，2017）によって樹冠への付着のしやすさが異なる．また，幹と枝のなす角度，一次枝の本数，全枝条の延長がいずれも大きいほど冠雪しやすいとされているが（佐伯ほか，1984），従来は，これらを一括して数値化することは困難であった．最近，降雪粒子の形態を自動計測する装置が開発され，レーザースキャナーによる樹冠の3次元構造の測定も可能となった．これらを組み合わせればより精度の高い樹冠遮断モデルを構築できるはずである．山地積雪の分布（3.2.3 項）においては航空レーザー測量を用いることで流域内積雪の面的分布を把握できるようになり，流域全体の水資源量を高い精度で推定することが可能となった．これらの新技術を用いた研究は始まったばかりであり，活用方法や解析方法については手探りの状態である．現在，われわれはこのような大きな研究発展の可能性を秘めた時代に生きていることを認識し，このチャンスを生かしていきたいものである．

参考文献

DeWalle, D. R. & Rango, A.（2008）*Principles of snow hydrology.* pp. 428, Cambridge University Press.

亀田貴雄・高橋修平（2017）雪氷学．pp. 360，古今書院．

菊地勝弘・大畑哲夫 ほか（1995）基礎雪氷学講座 II 降雪現象と積雪現象．pp. 272，古今書院．

近藤純正編著（1994）水環境の気象学．pp. 368，朝倉書店．

日本雪氷学会監修（2018）雪と氷の事典．pp. 784，朝倉書店．

日本雪氷学会編集（2010）積雪観測ガイドブック．pp. 148，朝倉書店．

日本雪氷学会編（2014）新版雪氷学辞典．pp. 315，古今書院．

小野延雄・石川信敬 ほか（1994）基礎雪氷学講座 VI 雪氷水文現象．pp. 196，古今書院．

塚本良則（1992）現代の林学・6　森林水文学．pp. 319，永文堂出版．

引用文献

阿部俊夫・久保田多余子 ほか（2016）東北地方の多雪地帯における 2013／2014 年冬季の落葉広葉樹林，スギ林の降雪遮断特性および融雪特性．東北森林科学会誌，**21**, 6–10.

秋田谷英次（1969）地中から積雪内へ流れる熱流の測定．低温科学，**A27**, 409–413.

新井 正（1994）第 3 章　融雪量と融雪流出．基礎雪氷講座 VI　雪氷水文現象．pp. 49–91．古今書院．

朝岡良浩・小南裕志 ほか（2007）衛星観測に基づく積雪水量の広域推定と融雪係数の地域特性．水文・水資源学会誌，**20**, 519–529.

Buttle, J. M., Beall, F. D. *et al.*（2018）Hydrologic response to and recovery from differing silvicultural systems in a deciduous forest landscape with seasonal snow cover. *J. Hydrol.*, **557**, 805–825.

Calonne, N., Flin, F. *et al.*（2011）Numerical and experimental investigations of the effective thermal conductivity of snow. *Geophys. Res. Lett.*, **38**, L23501.

Ellis, C. R., Pomeroy, J. W. *et al.*（2013）Modeling increases in snowmelt yield and desynchronization resulting from forest gap-thinning treatments in a northern mountain headwater basin. *Water Resour. Res.* **49**, 936–949.

藤田学斗・熊倉俊郎 ほか（2012）年毎・地域毎の北陸での雨雪の気温依存性についての調査と検討．雪氷研究大会（2012・福山）講演要旨集，143.

浜田 崇・富樫 均（2014）長野県北部飯綱山周辺における積雪密度と標高・季節の関係．雪氷研究大会（2014・八戸）講演要旨集，232.

Hardy, J. P., Davis, R. E. *et al.*（1997）Snow ablation modeling at the stand scale in a boreal jack pine forest. *J. Geophys. Res.*, **102**, D24, 29397–29405.

Hardy, J. P., Davis, R. E. *et al.*（1998）Snow ablation modelling in a mature aspen stand of the boreal forest. *Hydrol. Proc.*, **12**, 1763–1778.

Harpold, A. A., Molotch, N. P. *et al.*（2015）Soil moisture response to snowmelt timing in mixed-conifer subalpine forests. *Hydrol. Proc.*, **29**, 2782–2798.

Hedstrom, N. R. & Pomeroy, J. W.（1998）Measurements and modelling of snow interception in the boreal forest. *Hydrol. Proc.*, **12**, 1611–1625.

久野友靖・兒玉裕二 ほか（2009）樹冠による降雪遮断量の評価．北海道の雪氷，**28**, 45–48.

Hotovy, O. & Jenicek, M.（2020）The impact of changing subcanopy radiation on snowmelt in a disturbed coniferous forest. *Hydrol. Proc.*, **34**, 5298–5314.

Huerta, M. L., Molotch, N. P. *et al.*（2019）Snowfall interception in a deciduous Nothofagus forest and implications for spatial snowpack distribution. *Hydrol. Proc.*, **33**, 1818–1834.

井上治郎・中島暢太郎（1979）近畿北部における山地積雪の研究．雪氷，**41**, 85–88.

石井吉之・鈴木啓助 ほか（1992）カナダ東部，北方針葉樹林地における融雪水の流出 I：融雪特性と流出応答．低温科学，**A51**, 77–92.

石井幸男（1959）積雪基礎調査融雪の研究．北海道電力株式会社・札幌管区気象台，pp. 84.

伊豫部勉・河島克久 ほか（2015）御嶽山における積雪水量分布に関する研究．雪氷研究大会（2015・松本）講演要旨集，90.

和泉 薫（1983）積雪底面の融雪量．新潟大学積雪地域災害研究センター年報，**5**, 123–125.

亀田貴雄・高橋修平（2017）雪氷学．pp. 360.

勝島隆史・熊倉俊郎 ほか（2006）十日町における冬季の底面融雪量の推定に関する研究．2006 年度日本雪氷学会全国大会講演要旨集，219.

勝島隆史（2013）積雪内の不均一な水分移動の研究．pp. 85，長岡技術科学大学学位論文.

河原雄一郎・村上拓彦 ほか（2003）LAI 推定における全天空写真の問題点について．九州森林研究，**56**, 210–211.

木村祐輔・本田明治 ほか（2014）冬季新潟県における雨雪判別気温の検討．2014 年度日本雪氷学会北信越支部大会予稿集．41.

小池俊雄・高橋 裕 ほか（1985a）積雪断面情報による流域積雪水量の推定．土木学会論文集，**357**, 159–165.

小池俊雄・高橋 裕 ほか（1985b）融雪量分布のモデル化に関する研究．土木学会論文集，**363**, 165–174.

小池正子・小池俊雄 ほか（1995）森林条件の違いによる雪面熱収支特性に関する比較研究．水文・水資源学会誌，**8**, 389–398.

Koivusalo, H. & Kokkonen, T.（2002）Snow processes in a forest clearing and in a coniferous forest. *J. Hydrol.*, **262**, 145–164.

小島賢治・小林大二 ほか（1970）母子里の小流域における融雪，流出，および熱収支の研究 I．低

温科学，**A28**, 175–190.
小島賢治・小林大二 ほか（1971）母子里の小流域における融雪，流出，および熱収支の研究II．低温科学，**A29**, 159–176.
小島賢治・小林大二 ほか（1972）盆地周辺の小流域における融雪量の高度差について 付：盆地上空の気温垂直分布．低温科学，**A30**, 215–219.
小島賢治・小林大二 ほか（1973）母子里の小流域における融雪，流出，および熱収支の研究III（特に悪天候の影響について）．低温科学，**A31**, 159–177.
小島賢治（1982）低温多雪地域の冬期間積雪下面における融雪量：時間変化と年による差異．低温科学，**A41**, 99–107.
小島賢治・本山秀明（1984）積雪中の融雪水浸透量ピークの時間遅れ．低温科学，**A43**, 181–184.
小島賢治・石川信敬 ほか（1985）積雪の蒸発量：札幌と母子里での測定結果．低温科学，**A44**, 49–62.
近藤純正（1994）水環境の気象学．pp. 368，朝倉書店．
國崎貴嗣・甲田朋子（2006）林冠疎開度による低地帯森林の降雪遮断率の推定．岩手大学農学部演習林報告，**37**, 57–65.
倉島栄一・関 基（1999a）開地と森林内の根雪期間における底面融雪の推定と比較――底面融雪の研究（2）――．農業土木学会論文集，**202**, 87–94.
倉島栄一・加藤 徹 ほか（1999b）針葉樹林内の融雪過程と熱収支．農業土木学会論文集，**203**, 1–10.
Kuusisto, E.（1980）On the Values and Variability of Degree-Day Melting Factor in Finland. *Hydrol. Res.*, **11**, 235–242.
Kuz'min P. P.（1960）*Formirovanie Snezhnogo Pokrova i Metody Opredeleniya Snegozapasov.* Gidrometeoizdat. Published 1963 as *Snow Cover and Snow Reserves.* pp. 139（English Translation by Israel Program for Scientific Translation, Jerusalem）.
Lu, H., Liu, M. Z. *et al.*（2017）The effects of forest litter on snow energy budget in the Tianshan Mountains, China. *Hydrol. Process.*, **31**, 1602–1612.
Lundberg, A., Calder, I. *et al.*（1998）Evaporation of intercepted snow: measurement and modelling. *J. Hydrol.*, **206**, 151–163.
Lundberg, A. & Halldin, S.（2001）Snow interception evaporation. Review of measurement techniques, processes, and models. *Theor. Appl. Climatol.*, **70**, 117–133.
Lundquist, J. D., Dickerson-Lange, S. E. *et al.*（2013）Lower forest density enhances snow retention in regions with warmer winters: A global framework developed from plot-scale observations and modeling. *Water Resour. Res.*, **49**, 6356–6370.
Lundquist, J. D., Dickerson-Lange, S. E. *et al.*（2021）Snow interception modelling: Isolated observations have led to many land surface models lacking appropriate temperature sensitivities. *Hydrol. Proce.*, **35**, e14274.
Mahat, V. & Tarboton, D. G.（2014）Representation of canopy snow interception, unloading and melt in a parsimonious snowmelt model. *Hydrol. Proce.*, **28**, 6320–6336.
McNay, R., Peterson, L. *et al.*（1988）The influence of forest stand characteristics on snow interception in the coastal forests of British Columbia. *Can. J. Forest Res.*, **18**, 566–573.

Melloh, R. A., Hardy, J. P. *et al.* (2002) An efficient snow albedo model for the open and sub-canopy. *Hydrol. Proce.*, **16**, 3571–3584.

宮田俊介・朝岡良浩 ほか（2012）全国の AMeDAS 観測点における Degree-Day 法および融雪係数の検証．土木学会論文集 B1，**68**, I_343–I_348.

Molchanov, A. A. (1960) *Gidrologicheskaya rol'lesa.* Akademiya Nauk SSSR. Institut Lesa. Published 1963 as *The hydrological role of forests.* pp. 407 (EnglishTranslation by Israel Program for Scientific Translation, Jerusalem).

村上茂樹・山野井克己（2003）宝川森林理水試験地における積雪水量の高度分布の長期変化．水文・水資源学会誌，**16**, 131–141.

村上茂樹・久保田多余子 ほか（2003）宝川森林理水試験地の初沢流域における毎木調査．森林総合研究所研究報告，**388**, 207–217.

村上茂樹・竹内由香里 ほか（2015）3 つのスギ林と裸地における積雪水量と融雪の違い．水文・水資源学会 2015 年度研究発表会要旨集，52–53.

村上茂樹・竹内由香里 ほか（2018）3 種類のスギ林と裸地における融雪係数の比較．水文・水資源学会誌，**31**, 292–301.

Murakami, S. and Takeuchi, Y. (2018) Difference in snowmelt processes between an opening and three Japanese cedar stands. *Ann. Glaciol.*, **59**, 41–49.

中井裕一郎・北原 曜 ほか（1993）森林における降雪の遮断蒸発．日本林学会誌，**75**, 191–200.

中井裕一郎・坂元知己 ほか（1995）トドマツ林における降雪の遮断蒸発（I）水収支的観測．日本林学会誌，**77**, 581–588.

中井裕一郎・坂本知己 ほか（1996）トドマツ林における降雪の遮断蒸発量（II）熱収支モデルによる推定と水収支的観測との比較．日本林学会誌，**78**, 15–19.

西原照雅・谷瀬 敦（2016）2 カ年の航空レーザ測量結果を用いた山間部における積雪分布と地形の関係に関する研究．北海道の雪氷，**35**, 131–134.

Nomura, M. (1994) Studies on the Delay Mechanism of Runoff to Snowmelt. *Contrib. Inst. Low Tem. Sci.*, **A39**, 1–49.

小川真由美・野上道男（1994）冬季の降水形態の判別と降水量の分離．水文・水資源学会誌，**7**, 421–427.

小倉 晃・篠原慶規 ほか（2013）石川県白山麓スギ林における雪の樹冠遮断．水文・水資源学会 2013 年度研究発表会要旨集，242–243.

Onuchin, A. A., Burenina, T. A. *et al.* (2018) New look at understanding hydrological role of forest. *Sib. J. For. Sci.*, **5**, 3–18.

Pomeroy, J. W., Gray, D. *et al.* (2002) Prediction of seasonal snow accumulation in cold climate forests. *Hydrol. Proc.*, **16**, 3543–3558.

Pomeroy, J. W., Fang, X. *et al.* (2012) Sensitivity of snowmelt hydrology in Marmot Creek, Alberta, to forest cover disturbance. *Hydrol. Proc.*, **26**, 1892–1905.

佐伯正夫・渡辺成雄 ほか（1984）豪雪地における植栽樹種の検討．林業技術，**512**, 11–14.

Sanmiguel-Vallelado, A., López-Moreno, J. I. *et al.* (2020) Variable effects of forest canopies on snow processes in a valley of the central Spanish Pyrenees. *Hydrol. Proc.*, **34**, 2247–2262.

笹賀一郎・藤原滉一郎 ほか (1989) 森林の強風地における堆雪効果. 北海道大学農学部演習林研究報, **46**, 801-828.

笹賀一郎・藤原滉一郎 ほか (1990) 森林の強風地における堆雪効果 (II) 少積雪少移動シーズンにおける堆雪状況. 北海道大学農学部演習林研究報, **47**, 145-175.

Sexstone, G. A., Clow, D. W. *et al.* (2018) Snow Sublimation in Mountain Environments and Its Sensitivity to Forest Disturbance and Climate Warming. *Water Resour. Res.*, **54**, 1191-1211.

Seyednasrollah, B., Kumar, M. *et al.* (2013) On the role of vegetation density on net snow cover radiation at the forest floor. *J. Geophys. Res. Atmos.*, **118**, 8359-8374.

Shimizu, T., Kikuya, A. *et al.* (1992) Influence of Changes in Vegetation upon the Runoff Characteristics of Mountainous Drainage Basins. *Bull. For. & For. Prod. Res. Inst.*, **363**, 21-39.

志水俊夫・吉野昭一 (1996) 等高線にそった帯状伐採が融雪流出に及ぼす影響. 雪氷, **58**, 3-10.

Storck, P., Lettenmaier, D. P. *et al.* (2002) Measurement of snow interception and canopy effects on snow accumulation and melt in a mountainous maritime climate, Oregon, United States. *Water Resour. Res.*, **38**, 1223.

Sugaya, H. (2005) Estimation of winter precipitation forms in Japan based on wet-bulb temperature. *J. Agric. Meteorol.*, **60**, 733-736.

水津重雄・山田知充 ほか (1978) 手稲山における積雪の堆積と雪質の変化水. 低温科学, **A37**, 47-54.

Sun, N., Wigmosta, M. *et al.* (2018) Evaluating the functionality and streamflow impacts of explicitly modelling forest-snow interactions and canopy gaps in a distributed hydrologic model. *Hydrol. Proc.*, **32**, 2128-2140.

Suzuki, K., Ohta, T. *et al.* (1999) Variations in snowmelt energy and energy balance characteristics with larch forest density on Mt Iwate, Japan: Observations and energy balance analyses. *Hydrol. Proc.*, **13**, 2675-2688.

Suzuki, K., Ohta, T. (2003) Effect of larch forest density on snow surface energy balance. *J. Hydrometeor.*, **4**, 1181-1193.

Suzuki, K., Kubota, J. *et al.* (2006) Snow ablation in an open field and larch forest of the southern mountainous region of eastern Siberia. *Hydrol. Sci. J.*, **51**, 465-480.

竹内由香里・遠藤八十一 ほか (2009) 十日町における冬期の気象および雪質の調査資料 (7) (2004/05 年～2008/09 年 5 冬期). 森林総合研究所研究報告, **413**, 227-277.

武田 宏 (1998) 豪雪地帯に造成されたスギ—スギ複層林内の積雪環境. 新潟県森林研究所研究報告, **40**, 39-51.

武田 宏 (2001) 針広帯状森林における貯雪・融雪遅延効果の検討. 新潟県森林研究所研究報告, **43**, 17-20.

Tani, M. (1996) An approach to annual water balance for small mountainous catchments with wide spatial distributions of rainfall and snow water equivalent. *J. Hydrol.*, **183**, 205-225.

Varhola, A., Coops, N. C. *et al.* (2010) Forest canopy effects on snow accumulation and ablation: An integrative review. *J. Hydrol.*, **392**, 219-233.

渡辺成雄・大関義男 (1964) 冠雪の研究 (第 2 報) スギの冠雪比較実験. 林業試験場研究報告,

169, 121–140.

Whitaker, A. C. & Sugiyama, H. (2005) Seasonal snowpack dynamics and runoff in a cool temperate forest: lysimeter experiment in Niigata, Japan. *Hydrol. Proc.*, **19**, 4179–4200.

Yamada, T. (1982) Studies on Accumulation-Ablation Processes and Distribution of Snow in Mountain Regions, Hokkaido. *Contrib. Inst. Low Tem. Sci.*, **A31**, 1–33.

山田知充・西村 寛 ほか（1978）大雪山旭岳西斜面における積雪の分布の堆積・融雪過程．低温科学，**A37**, 1–12.

山﨑 剛（1994）10．積雪と大気．水環境の気象学（近藤純正 編著）．pp. 240–260，朝倉書店．

Yamazaki, T. & Kondo, J. (1992) The Snowmelt and Heat Balance in Snow-covered Forested Areas. *J. Appl. Meorol.*, **31**, 1322–1327.

安田 洋（1994）スギ樹冠による雨雪の遮断．樹．富山県林業技術センター振興協議会，**45**, 9.

吉野昭一・菊谷昭雄（1985）高海抜流域における森林伐採と暖候期間の流出量変化第2報――宝川試験地の初沢流域，初沢2号沢および初沢3号沢流域について――〔宝川森林治水試験第5回報告〕．林業試験場研究報告，**333**, 37–65.

第4章

シベリア北方林
永久凍土と水文気候

檜山哲哉・飯島慈裕

はじめに

本章が対象とする北ユーラシアのシベリアは，北緯 50°～70° の範囲がほぼ帯状に北方林（タイガ）に覆われており，北緯 70° 以北の北極海に至る範囲がツンドラになっている．本章では，シベリアの北方林生態系について，特に水文気候と熱・水環境に着目して解説する．

シベリア北方林の水文気候において最も重要なプロセスは冬季，特に積雪量を決める気候と積雪の変質プロセスである．シベリアでは西から東に向かってほぼ線形に積雪量が低下し，東シベリアの積雪深は数十 cm 程度となる．冬季の極端な低温環境と放射冷却は，降雪後の雪を変質させ，積雪密度の低い（水当量の小さい）「しもざらめ雪（depth hoar）」を生じさせる．積雪深と積雪密度は地表の熱環境に影響し，地表面下の温度低下量を左右する．すなわち，積雪深や積雪密度が高いほど，断熱効果によって冬季の極端な低温環境から地温低下を防ぐのである．したがって，一般的に西シベリアよりも東シベリアの地温はより低く，最終氷期には大規模な氷床に覆われることなく地下深くにまで永久凍土が発達したのである．東シベリアを中心とする永久凍土の存在は，この地域が 500 mm 未満という少ない年降水量にもかかわらず落葉針葉樹林であるカラマツ林の成立を許した．これらの詳細が 4.1.1 項，4.1.2 項，4.2.1 項で論じられる．

一方，中・低緯度に比べて極端に短い生育期間において，北方林生態系は，地表層に季節的に生じる融解層（活動層）内の土壌水分を巧みに使い，大気からの二酸化炭素（CO_2）の吸収（光合成）と呼吸を行う．当該年の活動層内の土壌水分量は，前年の蒸散活動が弱くなる時期（前年の夏季から秋季にかけて）の降雨量に依存する．前述のように，当該年の融雪期前の降雪量は地表層の熱環境に影響を及ぼすが，凍結しているがために，当該年の土壌水分量にはあまり寄与しない．生育期間の群落蒸発散量やその環境応答については，4.2.2 項と 4.2.3 項で解説される．

北方林生態系は炭素循環においても無視できない存在である．特に，温暖化にともなう湿潤な気候への遷移は，地表層の湿潤化とそれによる永久凍土の融解を促進し，湿潤化した土壌や湖沼からの一次的生成による温室効果気体の発生とともに，永久凍土融解による過去の有機炭素の放出（二次的な温室効果気体の放出）を誘発する．4.3.1 項では北方林生態系の炭素蓄積量と炭素収支について解説がなされ，4.3.2 項と 4.3.3 項において，気候変化による炭素収支の変化が解説される．

水文過程へのフィードバックも無視できない．シベリア，北欧，カナダ北部，アラスカといった北半球高緯度の陸域における水文気候は，温暖化に代表される気温上昇だけでなく，降水量の年々変動，数年周期変動，十年周期変動としても認識される．それらは湿潤と乾燥の繰り返しであり，大気水循環の変動，すなわち降水量の変動である．大気水循環の変動は陸域における水文過程（蒸発散量の変動，土壌水分量の変動）を経て，河川流出量の変動に帰着する．北半球高緯度の陸域における河川流出は北極海に対する淡水供給であるとともに，熱エネルギーと栄養塩の供給でもある．4.4 節では，主に淡水供給の主体としての河川流出量とその変動について解説する．一方，淡水と熱エネルギーの変動は北極海の海氷の増減に寄与し，栄養塩の流出量の変動は，北極海沿岸域の基礎生産（植物プランクトンによる光合成）とその後の物質循環に影響する．そのため，北方林生態系における水文過程を理解することは，北極海の海洋生態系の理解にもつながるのである．なお，最後の視点については本書では解説しないため，他書，あるいは近い将来出版されると思われる参考書や教科書を参考にしていただきたい．

4.1　永久凍土と北方林

4.1.1　シベリアの永久凍土の形成と気候

図4.1はシベリアを含む北ユーラシアにおける永久凍土の分布を示している．東シベリアのヤクーツクを含む広い帯状の範囲で，永久凍土層の深さは200 m以上あり，レナ川流域の一部と北極海沿いでは500 m以上となっている（福田，2010）．西シベリアのオビ川流域の上流域や中流域には点在的に凍土が存在するのみで，連続的永久凍土帯は下流域（北極海沿岸域）に限られる．それでは，なぜ北ユーラシアの永久凍土はこのような分布に至ったのであろうか．

東シベリアでは，最終氷期は約七万年前からはじまり，二万年前に最寒期となり，一万三千年前に終了した（福田，1996）．この間，北半球高緯度域には，北米にローレンタイド氷床が，北欧から西〜中央シベリア北部にかけての地域にスカンディナビア氷床が発達していた．一方，東シベリアには，ヴェルホヤンスク山脈に小規模な氷河が存在したものの，全域を覆うような大陸氷床は存在しなかった（福田，2010）．氷床は大気と表層土壌とを断熱的に隔離するため，氷床の存在によって，熱伝導を介した大気と表層土壌との熱のやり取りが妨げられる．つまり，冬季に気温が氷点下になったとしても，氷床があれば土壌は凍結しにくくなる．逆に，氷床が存在しなければ，大気からの冷却が熱伝導を介して表層土壌に直接伝わることになる．東シベリアのヤクーツクにおける現在の年平均気温は，−8°C程度と非常に低い．このような極低温の東シベリアでは，氷床が存在しない期間が長かったため，非常に分厚い永久凍土層が形成された．特に，東シベリアのヤクーツク周辺，永久凍土層が500 m程度の地域では，永久凍土は第四紀初期（約二百万年前）に形成されてから，一度も融解することなく存在していた（福田，1996）．すなわち，約二百万年前から現在に至るまで大規模な氷床に覆われなかったことが，東シベリアや中央シベリアに，永久凍土が地中深くまで形成された理由である．

カラマツ林を擁する東シベリアには，永久凍土内に氷楔《ひょうせつ》（ice　wedge）と呼

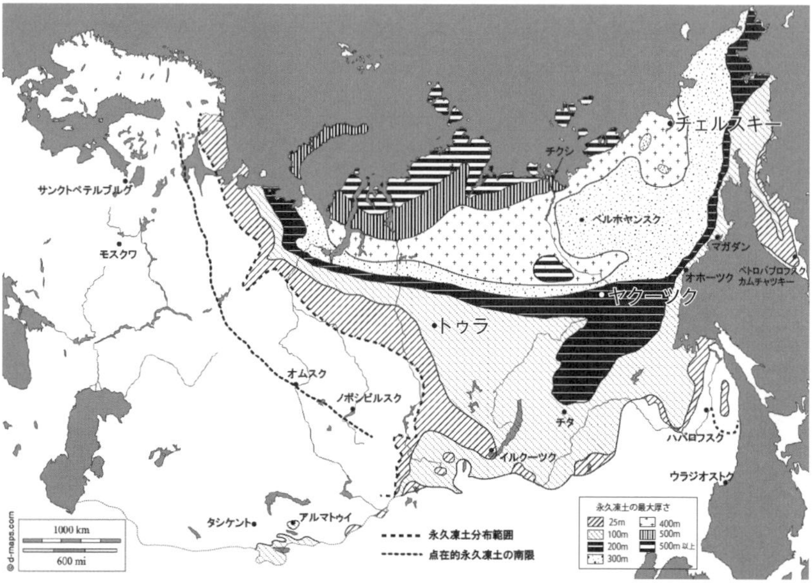

図 4.1　北ユーラシアにおける永久凍土の分布
福田（2010）の図 1 をもとに作成.

ばれる地下氷が大量に存在している（氷楔がまとまった状態で存在する地下氷層はエドマ yedoma とも呼ばれる）. 氷楔は，地表面下数 m より深い部分に存在している. ただし，氷楔はいたるところにあるわけではない. ヤクーツク近郊に存在する氷楔は，最終氷期や現間氷期（後氷期）の寒冷期において，夏季の凍土の融解と冬季の再凍結の繰り返しにより，10 年〜300 年程度の時間をかけて，次に示すような過程で地表面付近に形成された（福田，1996；檜山，2012）. ①冬季，凍土の表面は低温になればなるほど収縮する. しだいに凍土表面の一部が収縮することにより亀裂が生じる. ②融雪期，冬季に発生した亀裂に融雪水が浸透する. 亀裂の深部（活動層下端よりも深部）の温度は氷点下であるため，融雪水は浸水後再び活動層内で凍結する. これが氷楔の卵となる. ③次の冬，凍土の収縮により前の年に生じた亀裂（氷楔の卵）付近でさらに亀裂が入る. ④融雪期以降，この亀裂にさらに融雪水が浸透し，再凍結して氷楔が成長していく. ①から④を 10 年〜300 年程度繰り返すことにより，氷楔がある一定間隔（20 m 程度）で形成される.

図 4.2　東シベリア・ヤクーツク近郊におけるサーモカルスト地形
(a) ブラー (bullar), (b) ディエデ (dyede), (c) テュンプ (tuumpu), (d) アラース (alaas). ロシア科学アカデミーシベリア支部・寒冷圏生物問題研究所の Aleksei R. Desyatkin 氏提供. →口絵 5

近年，急激な温暖化が起こっている状況下では，夏季に氷楔が融解する確率が高くなる（Katamura *et al.*, 2006；2009）．氷楔の融解と再凍結が地表面で生じるような場合，地表面に，亀の甲羅に似た構造土が形成されてくる．このような永久凍土の融解にともなう地形変化をサーモカルスト（thermokarst）という．こうして生じるサーモカルストの第一段階を東シベリアの現地語（サハ語）でブラー（bullar）という（図 4.2a）．もし樹冠を燃え尽くすような大規模な森林火災などでタイガに開地ができると，夏季，開地に日射が直接差し込むことになる．地表面に氷楔が存在していた場合，氷楔は日射のエネルギーを直接受けて融解する．その後，開地では，夏季の活動層の深さは周囲に比べて深く，氷楔の融解水により小規模の湖沼が形成される．サーモカルストが始まってから，300 年〜700 年かけて形成されたこのような地形を，ディエデ

(dyede) という（図 4. 2b).

氷楔の融解と消滅によって湖沼の規模が広がり，ディエデは周囲よりも数 m 陥没する．すると，湖沼の地下には冬季になっても凍結することのないタリク（talik）と呼ばれる不凍水溜まりが形成されるようになる．ブラーの形成後 700 年〜3000 年程度かけて形成されたこのような湖沼を，テュンプ（tuum-pu）という（図 4. 2c)．この段階の陥没地には融雪水や降水が流入しやすくなり，陥没地全体を水が覆う．水位が深い場合，その断熱効果によって地表面下の水も凍結しにくくなり，タリクが拡大する．タリクの一部が地質の不連続面に沿ってレナ川の段丘面やその小谷に湧出している現象も存在する．レナ川を挟んでヤクーツクの南方約 50 km に位置するブルース湧水（Hiyama *et al.*, 2013）のように，タリクの湧出点付近が地域住民の憩いの場になっているケースもある．

時間の経過によってテュンプは乾燥し，凹地の一部に湖沼をもつ大規模な草地へと遷移していく．ブラーの形成後 3000 年〜9000 年程度かけて形成されたこのような地形をアラース（alaas）[1)]という（図 4. 2d)．アラースは，最終氷期後，現在の間氷期（後氷期または完新世）におけるサーモカルストによって形成された景観，ということができる．Katamura *et al.* (2009）は，アラースの湖沼堆積物中の木炭や泥炭から花粉分析や年代測定を行い，アラースは森林火災の結果として急激に形成されたというよりも，氷期–間氷期といった気温上昇をともなう気候変化により，徐々に形成されたものと結論づけている．ヤクーツク近傍，レナ川の中流域には約 1 万 6 千もの数多くのアラースが存在する．これらのアラースは，現地住民にとっては牛や馬の放牧地であり，人や家畜の飲み水を確保するための重要な生活の場になっている．

さて，現在のシベリアの気候はどのようなものなのであろうか．北ユーラシアの冬季と夏季の平均気温の分布を見ると，その大きな違いに驚かされる．冬季に着目した場合，北ユーラシアの寒極は東シベリアのオイミャコンにある．一方，夏季に着目すると，夏の気温は低緯度ほど高く，高緯度ほど低くなり，帯状に気温が変化する（ただしチベット高原は標高が高いため，この周囲では

1）alaas は現地語（サハ語）に基づいた表記である．なお，英語や露語で書かれた文献では alas と表記されることがある．

気温が低くなる）.

冬季にオイミャコンが最も寒くなる第一の理由は，この地域（東シベリア）がユーラシア大陸の東に位置し，暖かい大西洋沿岸からかなり遠いため，西からやってきた大気が陸上で強く冷却されてしまうためである．陸は海に比べて比熱が小さいため，日照時間が短く日射量が小さい北極域の冬は，海上に比べて陸上のほうが低温になりやすい．夏季には北極海方面から北風が入ることはあるものの，冬季には西風が卓越するため，（オイミャコンは北極海や太平洋に近いとは言え，）太平洋からの大気循環が抑制されることで寒極になりやすいのである．そして第二の理由は，オイミャコンが標高千メートル程度の高原に位置し，周囲をヴェルホヤンスク山脈，チェルスキー山脈，コリマ丘陵に囲まれた盆地であることにある（冬季，冷気は盆地の底に溜まりやすい．なぜならば，気温が低い空気は暖かい空気よりも重いためである．日本でも，盆地では深夜から早朝にかけて冷気が溜まり，かなり冷える）.

降水量はどうであろうか．北ユーラシアにおける秋季～冬季（10 月～翌年 3 月頃）の月降水量は，東シベリアで少なく，中央シベリア，西シベリアとヨーロッパに向かうほど降水量が多くなっている．上述したように，この時期にはシベリアでは西風が卓越し，水蒸気の起源である大西洋からの距離は東シベリアに向かうほど遠い．また，モンゴルから中国東北部にかけての月降水量も非常に少ない．一方，日本列島やカムチャッカ半島の南東側では降水量が多い（ところが極東では月降水量はそれほど多くない）.

一方，春季～夏季（4 月～9 月頃）の月降水量は，ユーラシア大陸の東側ほど多くなる．これは，アジアモンスーンが直接的に関わっている．興味深いのは，レナ川の支流であるアルダン川の上流域も，この時期にはアジアモンスーンによって降水量が多くなることである．一方，北極海に近い極北シベリアでは降水量はそれほど多くならない．

ただし，上記は気候データをもとに平均的な状態を記述したものであることに注意してほしい．1980 年代以降 2000 年代に至るまで，東シベリア（レナ川流域）や中央シベリア（エニセイ川流域）において夏季の降水量が増加傾向を示した（Hiyama *et al.*, 2016）．シベリアでは，気候はもはや定常ではないのだ．図 4.3 に示すように，東シベリアのレナ川流域では十年弱～数十年の変動を

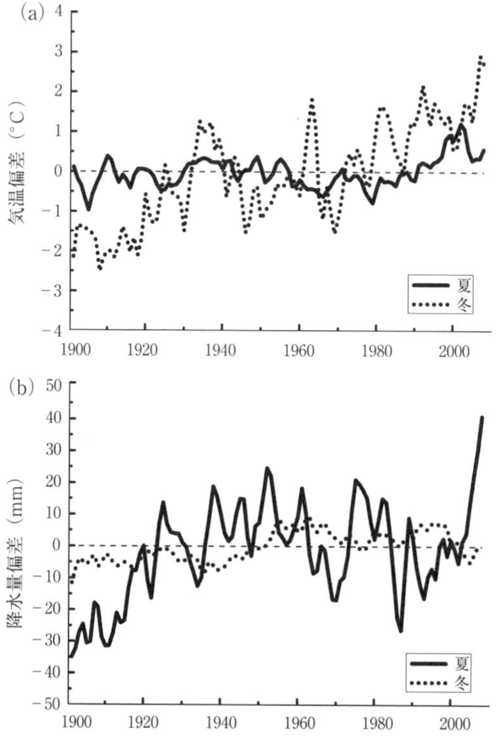

図4.3　東シベリア・レナ川流域における過去百十年間の（a）気温偏差と（b）降水量偏差
実線は夏季（6月，7月，8月の平均値）を，点線は冬季（12月，1月，2月の平均値）を，それぞれ示す．CRU 3.1（Climate Research Unit TS 3.1 Dataset）から作成．気温は http://rcmes.jpl.nasa.gov/rcmed/parameters/tavg の，降水量は http://rcmes.jpl.nasa.gov/rcmed/parameters/pr のデータを使用．

ともないながら，気温や降水量が変化してきていることに着目しなければならない．将来，この地域の気候がいったいどのように変化するのか，想像してみるとよいであろう．

4.1.2　永久凍土と北方林の共存

この項では，東シベリアの植生と景観の成り立ちに着目してみよう．東シベリアは非常に少ない年降水量（300 mm 程度）にもかかわらず，点在するアラース（4.1.1項参照）を除くと，ほとんどが落葉針葉樹であるカラマツに広く覆われている（Osawa & Zyryanova, 2010）．カラマツが生育できる大きな理由は，①夏季の気温が0°C以上になることによって地表面近傍の凍土が一部融解し，活動層（融解層ともいう）が形成されるため，そして，②夏季の活動層下端（永久凍土上端）で活動層内の土壌水が下方に浸透できないため，の二点にある（檜山，2012）．ヤクーツク付近のカラマツ林に覆われた凍土の，夏季後半における活動層の深さ（年最大融解深）は1〜2 m程度である（Ohta *et al.*, 2001；2008）．少ない年降水量ではあっても，活動層とその下端の不透水層（永久凍土層）の存在により，カラマツは活動層内の土壌水を使いながら生育することができるのである．

しかし，冬季の積雪量や夏季の降雨量は多かれ少なかれ変動する．その場合，夏季のカラマツはどのようにして生育に必要な水を確保するのであろうか．カラマツの樹体水，活動層内の土壌水，夏季の降雨，冬季の積雪の，それぞれの水の酸素・水素安定同位体組成を用いた研究（Sugimoto *et al.*, 2002；2003）によれば，カラマツは，夏季の降雨量の大小に応じて，活動層内の土壌水を巧みに使い分けている（4.2.3項参照）．すなわち，降水量が多い年には活動層の表層の土壌水を根が吸い上げ蒸散するのに対し，降水量が少ない場合には，活動層の深部から土壌水を吸水している．したがって，年降水量の変動の大小と比較すると，年蒸発散量にはそれほど大きな変動が見られない（Ohta *et al.*, 2008）．このように，カラマツを主とする植生は，永久凍土と活動層内の土壌水分を巧みに利用しながら，東シベリアに根付いて上手に生育できていると言える．そしてその一方で，永久凍土は地上に森林があることによって日射の暴露から守られている．すなわち，「植生–永久凍土」共存系（檜山，2011）を形成しているのである．

4.1.3　大気過程・炭素循環過程・水文過程の変化と北方林へのフィードバック

前項で述べたように，シベリアの自然を特徴付けるのは永久凍土と北方林生態系，そしてそれらと相互作用して成り立つ寒冷な気候である．北方林と永久凍土は共存系であり，お互いがお互いを劣化から守っている．氷楔が存在するタイガ帯では，気候がある程度定常であれば，「植生–永久凍土」共存系が維持される．ところが，原野火災（あるいは，森林火災）などによっていったん開地が生成されると，その後，長い時間をかけてサーモカルスト地形が発達し，タイガの中に草原や湖沼が形成されてくる．加えて，図4.3に示したように気温が上昇し降水量が増加してくると，凍土表層の熱的環境が変化し，メタン（CH_4）の放出量が増加する．さらに，二酸化炭素（CO_2）の放出と吸収のバランス（CO_2収支）が定常状態でなくなり，炭素循環において不可逆的な過程に移行してしまう．これは，大気過程，炭素循環過程，水文過程を介した北方林生態系への強いフィードバックなのである．このように，現在の大気過程，炭素循環過程，水文過程の変化は，北方林に対し少なからず影響を及ぼす．

一方で，北方林生態系の変化はアルベドを変化させ，炭素収支・水収支の変化をもたらすため，逆に大気過程，炭素循環過程，水文過程のそれぞれにフィードバックしていくことになる．次節以降（4.2節，4.3節，4.4節）では，大気過程，炭素循環過程，水文過程のそれぞれに対する北方林のフィードバック過程について，詳細に解説する．

4.2　北方林の大気過程へのフィードバック

4.2.1　冬：積雪の効果

寒冷圏陸域の草地やツンドラなどの景観では，開地上の背の低い草本・矮性低木や裸地上に積雪が被うため，風による再配分を受けてその積雪深分布は空間的に非常にばらつきが大きい．また風による圧密を受け，風成雪（wind slab）と呼ばれる表層が硬い積雪状態になり，積雪期間を通じて積雪密度は大きくなる．一方，北方林の林内では，積雪被覆は比較的一様であり，かつ森林による風や日射の遮断のため積雪の撹乱が小さく，積雪密度は低い状態に保たれる．

密度の低い積雪は大気と地面との間の断熱材としての役割を果たすことになる．ヤクーツク・カラマツ林における冬季（複数年）の地表面付近の地温（積雪底面付近の地温）について，前日平均値からの変化量を，そのときの積雪深と対応させると（図4.4），約10 cm（水当量で約20 mm）の積雪深を境にし

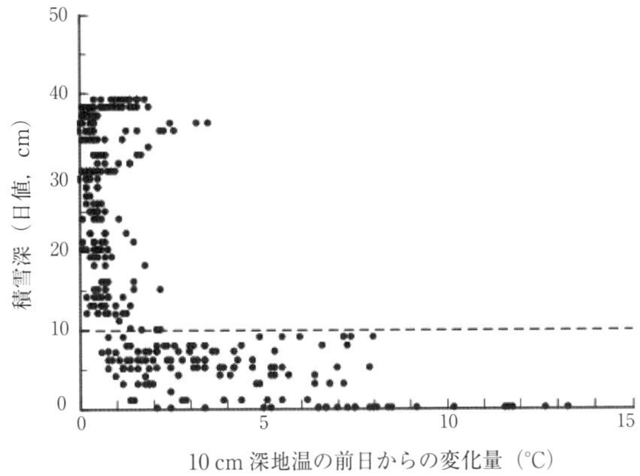

図 4.4　東シベリア・ヤクーツクにおける地表面付近の地温（10 cm 深地温）の前日からの変化量と，積雪深との関係
4 冬季（2003〜2006 年）分の 10〜12 月の観測値に基づく．
Iijima *et al.*（2010）の Fig. 6 を改変．

て，前日との差が大きく変化する．この 10 cm の積雪の意味をもう少し考えてみよう．積雪面および地上気温が強烈に冷却される寒冷圏陸域において，ある程度十分な積雪が存在すると，積雪内の温度勾配が強まり，焼結現象によって「しもざらめ雪」層が形成される．結晶が大きく成長したしもざらめ雪層は積雪密度が約 100〜200 kg/m^3 と低いことに加えて，雪の結晶化が進むため空気の間隙が大きく多孔質な雪質となり，断熱効果が非常に高くなる．アラスカ・フェアバンクスでの測定例では，通常の積雪と同じ積雪密度でも大きく成長したしもざらめ雪層では，熱伝導率が半分から 4 分の 1 ほど小さくなる結果が示されている（Sturm & Johnson, 1992）．この断熱効果の高い積雪層の存在によって，大気の冷却による地面の温度低下が妨げられることになる．言い換えると，積雪の多少と雪質の変化は冬季の地温変化に大きな影響を与える．

ロシアのシベリア全域での地温を測定している気象観測点の長期データから，気温と積雪深が地温変化に与える影響をみると，季節凍土域である西シベリアでは，気温が地温変動に与える影響が強く，一方で，永久凍土域である東シベリアでは積雪の影響が強いという東西のコントラストが示されている（Park *et al.*, 2014）．冬季気温が高く，積雪期間が短い西シベリアに比べて，冬季の寒極である東シベリアでは，積雪の増加による冬季の断熱効果の大きさや有無が

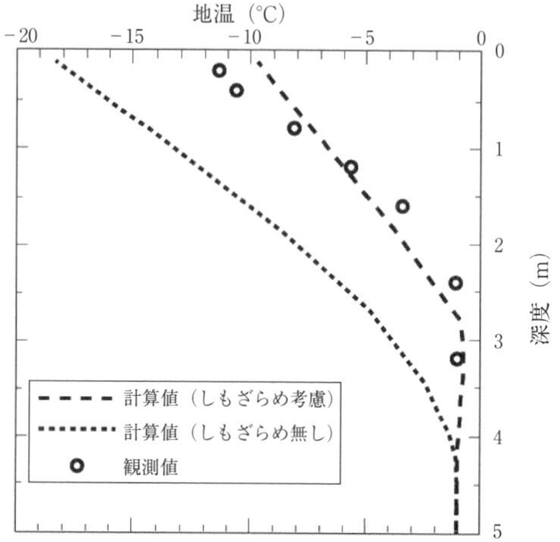

図4.5　1988年2月の地温プロファイルの計算値
点線はしもざらめ雪過程を入れないモデル，破線はしもざらめ雪過程を入れたモデル，○は観測値（ヤクーツク）を示す．Yamazaki *et al.*（2001）の Fig. 4を改変．

敏感に地温を変化させる要因となっている．

陸面過程モデルにおいて，雪質変化を考慮した熱・水交換の積雪過程を取り入れることで，北方林生態系での冬季積雪下の地温変化を適切に表現することができる．雪質変化過程を考慮した陸面モデル（2LM）の数値実験結果（Yamazaki, 2001）によると，東シベリア・ヤクーツクの冬季積雪条件において，しもざらめ雪層が適切に表現され，積雪内の熱伝導が大きく抑えられたことで，地温変化の再現が大きく改善されている（図4.5）．また，実際にヤクーツクの気象条件を取り入れた数値実験では，しもざらめ雪層は積雪深が約10 cm程度で形成され始めており，図4.4に示したように，積雪深が約10 cmに達してから地温変化が大きく抑えられる観測結果と整合的であった．

一方，雪のもう一つの重要な特徴である冬季のアルベドの変化については，北方林での樹冠や枝への着雪の有無がアルベドを段階的に変える効果を考える必要がある．アルベドの比較として，カザフスタン草原と，ヤクーツク・アカマツ林での冬季のアルベド変化の観測例を図4.6に示す．草原上では，10 cm以下の薄い積雪であっても，冬季期間中のアルベド（日射量の日積算値に基づく）は0.6を超え，その状態が融雪開始時期まで安定して継続する．一方，ヤ

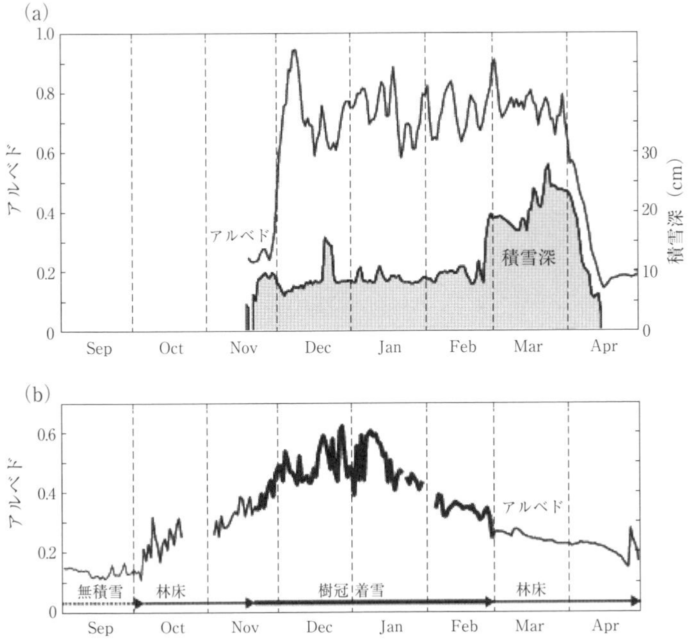

図 4.6　(a) カザフスタン（草原）と (b) ヤクーツク（アカマツ林）における冬季のアルベドの変化

2009 年 9 月〜2010 年 4 月の観測例.

クーツク・アカマツ林で計測された群落全体のアルベドは，冬季に 2 段階の変化を示す．地表面での積雪が開始した 10 月〜11 月下旬にかけては，アルベドは 0.2〜0.4 の間で増加傾向にあり，林床のみの積雪から枝への着雪が進む過程が現れている．12 月〜2 月にかけては着雪状態が維持され，アルベドは 0.4〜最大 0.6 程度と高い．しかし，この間はほぼ極夜に近く，全天日射量は日平均で $50\ W/m^2$ 以下となるため，短波放射収支は 0 に近い条件となる．2 月以降は，再びアルベドは 0.4 以下に緩やかに減少し，消雪まで 0.2 程度の状態が維持される．これは，初冬とは逆に樹体の着雪がなくなり，林床のみに積雪が残る状態に対応する．このようなアルベドの季節変化から，北方林では林床の積雪と樹冠の着雪の進行・消失過程を考慮して，地上の放射・熱収支を検討する必要がある．

北方林の樹体への着雪量の観測とモデル化はこの 20 年間で理解が進みつつ

あるが，依然として「古くて新しい」研究対象である．カナダ北方林のバンクスマツ（jack pine）とクロトウヒ（black spruce）に対する着雪量の実測と，それに基づく数値モデル化（Hedstrom & Pomeroy, 1998）によって，着雪は，降雪時の樹冠による遮断とともに，最大着雪量まで保持され，降雪後の時間に対する指数関数的な減衰をもって落雪するというプロセスが示されている．先述の陸面モデル（2LM）では，着雪量の推定を，森林での降水の遮断蒸発量モデルを元にして，着雪の進行を枝が捕捉できる着雪量の最大値の範囲で降雪にともない成長していくように定式化している（Yamazaki *et al.*, 2007）．着雪した雪は，枝での熱収支に基づき融解または再凍結し，大気に直接戻る昇華量も算出される．同時に，着雪時のアルベドも着雪量に応じた変化として，経験的なパラメタリゼーションを取り入れている．

樹体への着雪量を野外で冬季間継続して観測することは大変な困難をともなうため，その検証は現在も不十分な状態である．しかし，林床積雪の水当量や，群落全体のアルベド変化，着雪の目視観測などから，着雪の効果を検証する試みがなされている．ヤクーツクにおいて，植物季節（フェノロジー）観察のための定点カメラ画像を用いてカラマツ樹体への着雪の有無とその量を判別し，着雪量のモデル計算結果と比較したところ，着雪期間とその量に関して概ね良い一致を示した（図 4.7：Yamazaki *et al.*, 2007）．また，防災科学技術研究所雪氷防災研究センター新庄雪氷環境実験所の人工降雪装置を用いた針葉樹への着雪実験から，着雪の水当量の変化の経験的関係を求め，その関係式を札幌の針葉樹林での釣り木による着雪量の実測と比較した結果（Suzuki *et al.*, 2008）によると，着雪量の推定には，PAI（plant area index）による最大着雪量と樹冠通過降雪量のパラメーター化が有効である．

樹体への着雪の有無は，積雪期間中の北方林の熱・水収支においても無視できない．着雪のない森林樹冠は色が濃いことからアルベドが低く，地表（林床）に積雪がある期間でも日射を吸収して表面温度は 0°C を超える．加えて，森林は空気力学的に抵抗が大きいため，熱交換がそれなりに生じ，冬季においても大気境界層の発達が進む．1994～96 年のカナダ北方林での大気陸面相互作用に関する国際学術研究プロジェクト（boreal ecosystem-atmosphere study：BOREAS）の大気境界層観測によって，融雪前の春の乾いた樹冠から

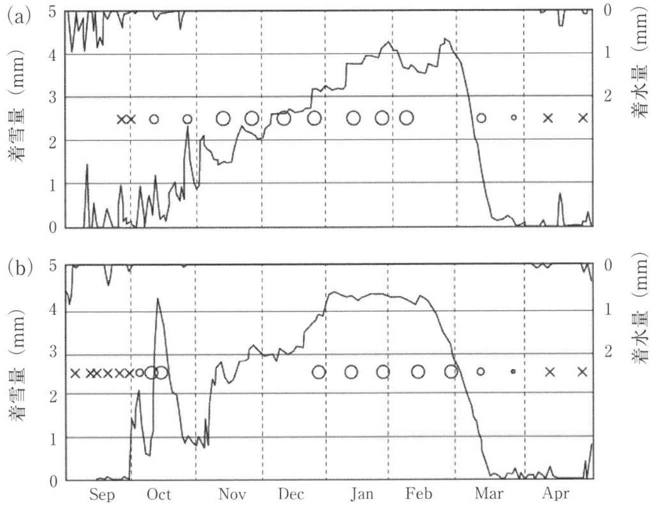

図 4.7　ヤクーツク・カラマツ林を対象とした樹冠着雪量・着水量の 2 冬季（(a) 1998〜99 年，(b) 1999〜2000 年）の陸面モデル（2LM）計算結果
定点写真（Suzuki *et al.*, 2001）から，着雪量の有無を着雪あり（○の大きさは着雪量の大小）となし（×）を示す．Yamazaki *et al.* (2007) の Fig. 4 を改変．

の上向き顕熱フラックスは，森林上での日中の深い混合層発達に繋がることが示されている（Betts & Ball, 2001）．同様に，札幌での常緑針葉樹林上での渦相関法によるフラックス観測によって，1 月の着雪期間中は日中の正味放射量の約 8 割が潜熱フラックスとなる一方，2 月以降の無着雪時は，ほとんどが顕熱フラックスとなる結果が得られている（Nakai *et al.*, 1999）．着雪期間における潜熱フラックス（蒸発・昇華）量は 0.6 mm/day に達し，同時期の開地の積雪面上での値（0.14〜0.29 mm/day）を大きく上回っており，真冬における大気への水蒸気の供給にそれなりの寄与がある可能性を示している．ヤクーツク・カラマツ林の条件での陸面モデル（2LM）の計算結果においても（Yamazaki *et al.*, 2007），日射が増大し，入力放射量が増え始めた 2 月下旬〜3 月にかけて，約 4 mm に達する樹体の着雪量が，日平均 20 W/m^2 に相当する潜熱フラックスで失われている．また，カナダ・サスカチュワンのトウヒ（spruce）とヤマナラシ（aspen）の混交林では 13%，バンクスマツ（jack pine）の成熟林で 31%，トウヒの成熟林で 41% の樹体着雪が生じ，それらはほぼ昇華することが示された（Pomeroy *et al.*, 1998）．成熟した北方林では無視できない量の水が融雪期より早い時期に大気に戻ることになる．冬季後半には，消雪日の約 1 ヶ月前までの期間に大気水蒸気が増加し，下向き長波（大気）放射量が増すことで夜間の冷却が抑えられ，雪温を上昇させて融雪のトリガーとなることが東シベリアでの事例からも示されている（Iijima *et al.*, 2007）．その水蒸気の起源として樹体着雪からの水蒸気が主体的な役割を果たすのかも含めて，北方林の樹体への着雪・消雪過程は，今後さらに注目されるべき現象といえる．

4.2.2　春～夏：生育期間の蒸発散量と地表面加熱

ユーラシア大陸東部では，3 月下旬～6 月にかけて消雪が南から北に向かって急速に進んでいく．消雪日は，積雪開始日に比べて年々の変動幅が小さいものの，ヤクーツクでは，4 月中旬～5 月上旬の 3 週間程度の幅がある．ちなみに，衛星データを基にした積雪分布（NOAA-NESDIS や MODIS など）から北方林における消雪を判断すると，気象観測地点での消雪に比べ，約 2～3 週間の遅れをもつ．東シベリアの融雪過程で一つ特徴的なのは，積雪の早遅は最大積雪深とは有意な関係が見られず，雪の多さが消雪を遅らせるということでは必ずしもないという点である．東シベリアでの融雪は大気側の要因で進行すると考えられ（Iijima *et al.*, 2007；Gong *et al.*, 2007），1 ヶ月程度先んじて生じる大気中の暖気移流にともなう水蒸気の増加が大気放射量の急激な増加をもたらし，正味の長波放射が小さくなることで，夜間に冷却が進まず雪温を高め，日中の日射によって融雪しやすい状態がもたらされる．

消雪に至る約 1 ヶ月間の融雪期（3 月～4 月）には，先述のとおり樹冠にはすでに着雪がないため，林床に雪があっても樹冠上の正味放射量は正になる．融雪期の熱収支の実測例はほとんどないため，カラマツ林を仮定した陸面モデル（2LM）の数値実験結果から考察すると，消雪前の樹冠面での熱収支では顕熱フラックスが高い状態が継続する．それが消雪日を境にして地表面に融雪水が満ちて，土壌の融解も同時に進行すると，一転して潜熱フラックスが立ち上がる．このように，消雪日を基準として熱収支の季節変化を表すと，消雪前後でその配分が大きく変化することになる．

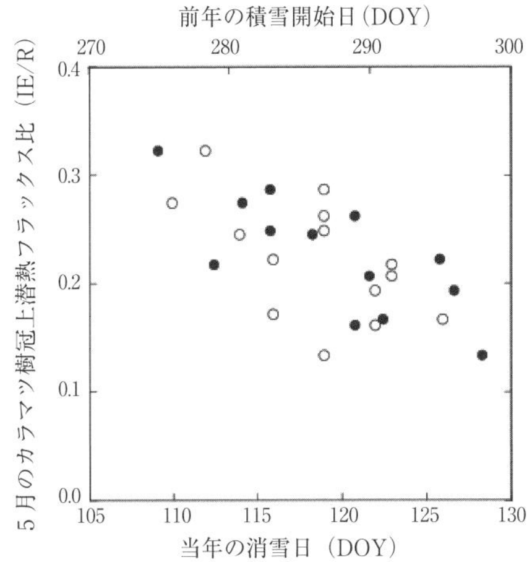

図 4.8　陸面モデル（2LM）による5月のカラマツ樹冠上における潜熱フラックス比と，前年の積雪開始日（○）と当年の消雪日（●）との関係
1986〜2000 年の計算値に基づく．Iijima *et al.*（2008）の Fig. 5 を改変．

カラマツ林の樹冠上での陸面モデルによる期間平均（1986〜2000 年）の潜熱フラックスの計算結果（月平均値）とその標準偏差（Iijima *et al.*, 2008）によると，年最大値は森林からの蒸発散がピークとなる7月〜8月の夏季に現れる．潜熱フラックスは降水量に比べて年々の変動が小さく，森林からの夏季の蒸発散量は安定していることを意味している．この傾向は，8年間の渦相関法によるヤクーツク・カラマツ林での樹冠上の熱収支の観測結果からも確かめられている（Ohta *et al.*, 2008）．一方，5月は潜熱フラックスの絶対値は小さいにもかかわらず，最も大きな年々変動幅を示す．これは消雪日の変動に連動したものである．その関係は，カラマツ樹冠上の5月の（正味放射量で基準化した）潜熱フラックスの計算結果と前年冬季の積雪開始時期ならびに春の消雪日との関係からも明示できる（図 4.8）．どちらも潜熱フラックスと有意な負の相関となっている．

ヤクーツクのカラマツ林では，地表付近の土壌水分量と樹冠上の潜熱フラックスに非常に強い正の相関関係がある（Ohta *et al.*, 2008）．同時に，前年冬季の積雪と永久凍土の状態が土壌水分量を規定し，蒸発散量の年々変動にとって重要になる．消雪日は引き続く土壌の融解に直接的に関係するため，地温の上昇によってその後のカラマツや林床植生の展葉開始とつながり，さらにその後に融解した活動層中の土壌水分が蒸散の開始時期を規定する．これらの消雪後の地温・土壌水分変化と植生の展葉（葉面積指数（LAI）の増加）との関係は，陸面モデル（2LM など）では消雪後の積算温度に従って経験的な関係式として表現されている．一方で，前年冬の積雪開始時期との有意な関係は，冬季間の地温の温暖（寒冷）偏差が消雪日まで維持され，それが消雪後の融解の早まり（遅れ）の偏差となることと関係している．以上のことから，積雪状態の年々変動は地温偏差のみならず，カラマツの生育開始時期における蒸発散量の偏差にも影響すると考えられる．

4.2.3　夏〜秋：群落蒸発散量の環境応答

北方林の生育期間に蒸散を制御する要因には，植物生理による気孔制御が大きく寄与している．樹木は大気飽差や土壌水分の変動に反応して気孔を開閉し，蒸散を制御することが知られている（Baldocchi *et al.*, 2000 など）．

東シベリアの北方林分布域は，夏季には高温乾燥で大気飽差が大きくなるため，気孔制御によって蒸散が抑制されやすい環境である．カラマツの樹木群の蒸散量を推定するために，熱拡散法による樹液流速の実測が行われた（粂田ほか，2002；Lopez *et al.*, 2007；Iijima *et al.*, 2014）．それらの結果によると，可能蒸発散量で基準化した林分のみからの蒸散量は，大気飽差が 20 hPa 未満の場合には土壌水分量と正の相関があるが，大気飽差が 20 hPa 以上になると土壌水分ではなく大気飽差が制限要因となって蒸散を制御していた（粂田ほか，2002）．

東シベリア・カラマツ林のタワーを用いた群落上のフラックス測定値によれば，大気飽差の増大により群落の CO_2 吸収は抑制されるが蒸発散への影響は比較的小さい（田中ほか，2000；Dolman *et al.*, 2004）．CO_2 吸収の抑制は植生の気孔閉鎖を示唆しており，気孔コンダクタンスの低下にともないカラマツの蒸散量が減少していると予想される．実際にヤクーツクで土壌水分の少ない年には，カラマツの蒸散量の減少が観測されている（Lopez *et al.*, 2007）．しかし，群落蒸発散量はカラマツの蒸散だけでなく地面蒸発や林床植生の蒸散に

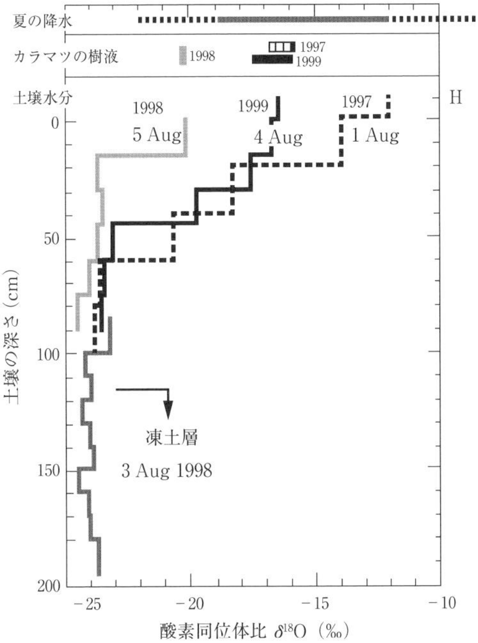

図 4.9　土壌水の酸素同位体比の深度プロファイル

図上部には夏の降水とカラマツの樹液の酸素同位体比が示されている．樹液の同位体比は，降水の多い 1997，1999 年には雨の同位体比に近く，降水の少ない 1998 年は凍土融解水の同位体比に近い値となる．1998 年 8 月 3 日の凍土面深度（115 cm）が矢印で示されている．Sugimoto *et al.*（2002）の Fig. 4 を一部抜粋して改変．

よる水蒸気輸送量を含むため，大気の乾燥による蒸発要求の増大に応答した蒸発量の増加が，カラマツの蒸散の抑制を打ち消していると考えられる（Schulze *et al.*, 1999）．

永久凍土帯に生育するカラマツの水環境の最大の特徴として，降水の少ない年でも地中では凍土融解水が供給されるため，カラマツへの致命的な吸水ストレスはおこりにくい点があげられる．降水，土壌水分，凍土中の氷，カラマツの樹液の水安定同位体比の年々変動の測定結果（Sugimoto *et al.*, 2003）によれば，樹液の酸素同位体比は，降水の多かった 1997 年と 1999 年には夏の雨の同位体比に近く，降水の少なかった 1998 年は凍土融解水の同位体比に近い値となっており，年々の気候の乾湿に対応したカラマツの根茎伸張と水利用の

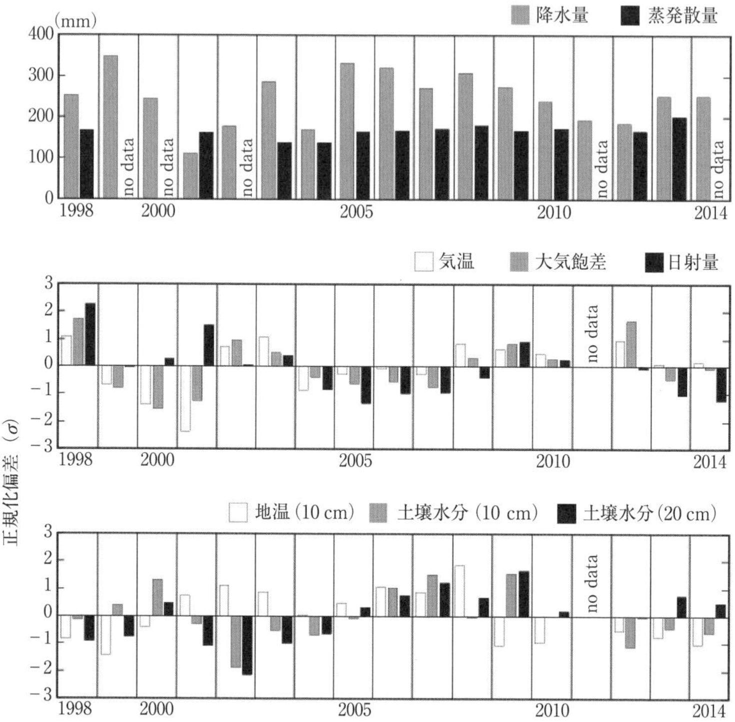

図 4. 10　東シベリア（ヤクーツク）のカラマツ林における降水量，蒸発散量と，関連する気候因子の偏差の年々変動

夏季降水量に比べて，蒸発散量の変動は小さい．

違いを示唆している（図 4. 9）．実際に，1998〜2006 年のカラマツ林における夏季蒸発散量は，降水や土壌水分量に比べて年々変動幅が小さく安定している（図 4. 10）．また，永久凍土からの水供給もある北方林では，土壌水分の枯渇のない限り大気飽差の増加にともない蒸散を続けられるが，活発に蒸散を続けると葉の老化が早く進行する恐れも指摘されている．これらの樹種では，短い生育期間に炭素固定を効率的に行うため，気孔制御により一定の蒸散速度を維持しているという働きが考えられている（Dolman *et al.*, 2004）.

森林群落全体の日蒸発散量の変動を説明する環境因子を月別の重回帰分析により検討した結果では，夏季前半（5 月〜6 月）には大気飽差，後半（7 月〜9 月）には正味放射量が影響の大きい因子として抽出された（石田，2009）．大気飽差は蒸発散量と正相関であり，植物活動が活性化し蒸発散が急増する夏季前半には，蒸発要求を増加させる働きをもつと考えられる．植物活動のピークを過ぎた夏季後半には，大気飽差の増加が蒸発を促進すると同時に蒸散の抑制にも働くため，蒸発散量との相関が小さくなり，正味放射量との相関が顕在化したと考えられる．また，暖候期（5 月～9 月）の日蒸発散量の変動に対しては，正味放射量と気温が影響の大きい因子として抽出された（石田，2009）．蒸発散量の季節内変動に対する影響因子として，放射や大気の影響と比べて土壌水分の寄与が小さいのは，前述のように，永久凍土上のカラマツ林では凍土融解水の供給により土壌水分が比較的安定していることがあげられる．アラスカの永久凍土上に生育するクロトウヒ林においても，蒸発散変動は土壌水分量の影響は受けておらず，とくにこのクロトウヒ林では土壌体積含水率が 40～80% と高いため年蒸発散量には影響しなかったと考えられている（Iwata *et al.*, 2012）.

夏季に大気飽差が大きくなることや，群落蒸発散に対して林床からの蒸発散の寄与が大きいことは，降雨中および降雨直後の遮断蒸発にも影響を与える．なお，東シベリア・カラマツ林の遮断率（総降雨量に対する遮断蒸発量の割合）は 15% 程度（Ohta *et al.*, 2001）であり，他地域の北方林と比較すると小さい．その原因として，群落が疎であるため降雨の一部が森林群落により遮断され，樹体に貯留される量（遮断貯留容量）が小さいことが考えられる（Toba & Ohta, 2005）．また，閉じた林冠を持つ群落では，遮断蒸発のエネルギー源として大気から樹冠面への顕熱輸送がみられるが，疎な樹冠であるカラマツ林では正味放射量がエネルギー源となっており，遮断蒸発時の群落熱収支にも特徴がある（図 4.11）.

東シベリアのカラマツ林・アカマツ林に加えて，日本の森林（常緑，落葉，混交林）を合わせたタイプの異なる 5 林分におけるタワー観測のデータを用いて，群落熱収支や蒸発散特性の地域間比較を行った結果（Matsumoto *et al.*, 2008a；2008b）によれば，夏季（7 月～8 月）の地表面熱収支において，潜熱フラックス，潜熱フラックスへの分配比（顕熱と潜熱フラックスの和に対する潜熱フラックスの割合，evaporative fraction）は，低緯度のサイトほど大きく，同じ地域の異なる樹種（落葉林と常緑林，または混交林）の森林の間では大き

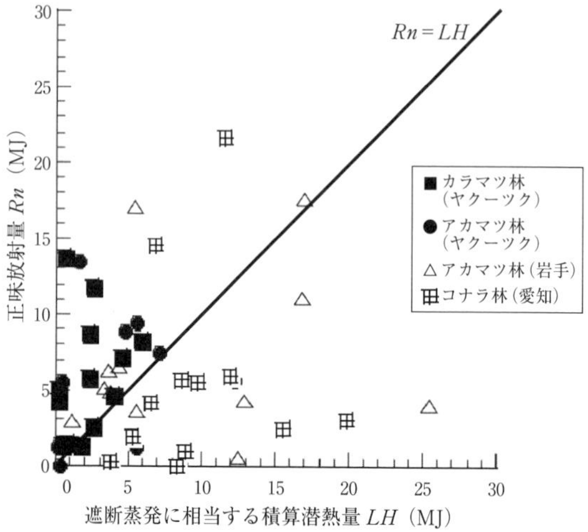

図 4. 11　降雨中および降雨後５時間で積算した遮断蒸発による潜熱フラックス LH と正味放射量 Rn の関係

東シベリアのカラマツ林，アカマツ林では正味放射量が潜熱輸送量を上回っているが，日本の温帯林（アカマツ林，コナラ林）では潜熱輸送量のほうが大きい（下向きの顕熱輸送で補償される）場合が多い．Toba & Ohta（2005）の Fig. 6 を改変．

な違いがみられない（図 4. 12）．また，物理環境に決定される蒸発要求もサイト間での違いがみられないことから，森林群落による制御の程度が森林間での蒸発散量の違いの原因となると考えられている．森林生態系による蒸発散変動の制御を表すパラメーターである群落コンダクタンス（表面コンダクタンス）は，一般に北方林では中・低緯度の森林よりも小さい値となる（Baldocchi *et al.*, 2000；Hall *et al.*, 2004）．東シベリアのカラマツ林とアカマツ林も他の気候帯の森林より小さい群落コンダクタンスを示し，その違いは LAI の違いで説明されている（Matsumoto *et al.*, 2008b；Khatun *et al.*, 2011）．Penman-Monteith 式から導出される，放射により駆動される蒸発散と空気力学的に駆動される蒸発散の各寄与度（decoupling factor）からも，本地域の森林においては，空気力学的な蒸発散制御が重要なことが示されている（Iida *et al.*, 2009；Khatun *et al.*, 2011）．

群落コンダクタンスは，蒸散に対する植物生理的制御と蒸発に対する物理的制御の効果を合わせたものであり，前者では気孔反応に影響する気象要素，後

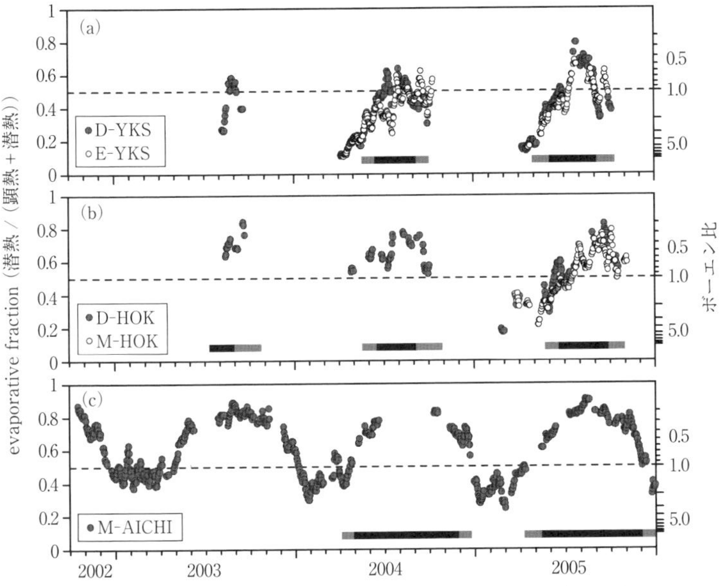

図 4.12　evaporative fraction（左縦軸）とボーエン比（右縦軸）の季節変化

(a) 東シベリア・ヤクーツク・カラマツ林（D-YKS），同アカマツ林（E-YKS），(b) 北海道・ダケカンバ林（D-HOK），同混交林（M-HOK），(c) 愛知・混交林（M-AICHI）における，日平均値の 10 日移動平均が示されている．グラフ下部の灰色水平線は展葉および落葉期間，黒色水平線は着葉期間を表す．Matsumoto *et al.* (2008a) の Fig. 6 を改変．

者では土壌水分などの影響を受ける．東シベリア・カラマツ林の日平均群落コンダクタンスには，大気飽差の増大にともなう減少がみられた（Ohta *et al.*, 2001；Dolman *et al.*, 2004）．一方で，群落コンダクタンスの年々変動については土壌水分量との相関が大きく（Yoshida *et al.*, 2010；Xue *et al.*, 2012），実際に可能蒸発散量で基準化した蒸発散量（群落コンダクタンスと同様に，森林群落による蒸発散変動の制御を表す）の年々変動も土壌水分量の変動で説明できている（Ohta *et al.*, 2008）．前述のように，群落蒸発散量そのものの変動には土壌水分量の影響が認められなかった一方で，群落の蒸発散制御の年々変動に対しては，その年の土壌水分量が重要であるといえる．東シベリアでは凍土融解水の安定した供給があるとはいえ，土壌水分量（体積含水率）が 20〜30 % と決して十分ではない環境の中で，植物のコンダクタンス制御の関係を通じて蒸発散が維持されていると考えられる．

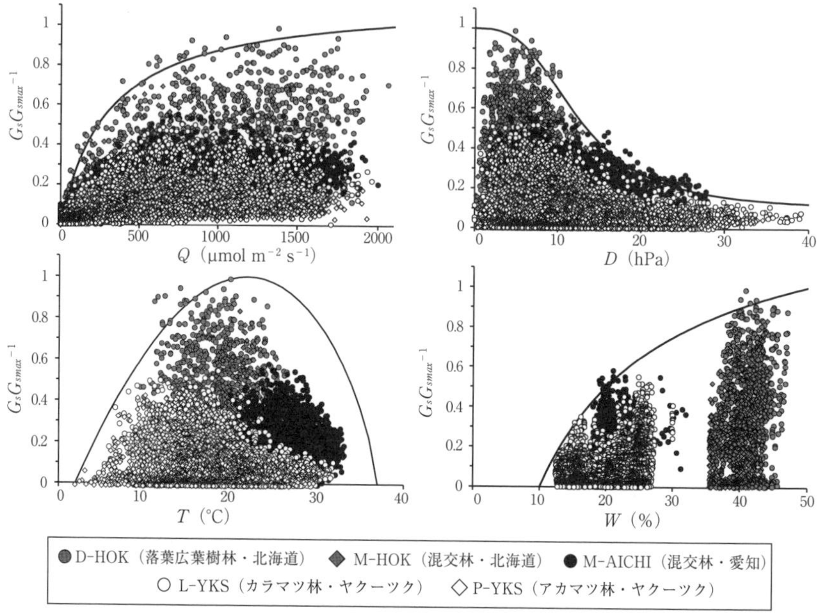

図 4.13　環境変数と群落コンダクタンスとの関係

光合成有効放射量：Q，大気飽差：D，気温：T，土壌水分量（体積含水率）：W．群落コンダクタンス G_s は最大コンダクタンス G_{smax} で基準化されている．曲線はデータに最適化された Jarvis 型コンダクタンスを示す．Matsumoto *et al.* (2008b) の Fig. 10 を改変．

このような群落コンダクタンスの環境応答について，Matsumoto *et al.* (2008b) はシベリアと日本の5つの森林での応答特性を比較している．まず，最大コンダクタンスの森林サイト間の違いをLAIの関数として表し，その最大コンダクタンスで基準化した群落コンダクタンスをJarvis型コンダクタンスモデルに適用した．その結果，サイトごとにパラメーターを最適化したモデルと，5サイトの全データを用いて最適化したモデル（図4.13）との間で，群落コンダクタンスの再現性に大きな違いがないことが示されている．これは，生育環境や森林タイプによらずに，一つの応答特性モデルで様々な森林の群落蒸発散の環境応答が表される可能性を示しており，森林蒸発散の環境応答は，森林タイプよりも環境に依存するという概念が提唱されている（Matsumoto *et al.*, 2008b）．

林床からの蒸発散に対する群落コンダクタンスについて，東シベリア・カラマツ林の林床からの蒸発散に対する群落コンダクタンスの環境応答をみると（Iida *et al.*, 2007），群落蒸発散に対する群落コンダクタンスの環境応答と比較して，光飽和点が小さく最適気温が低い傾向にあり，下層植生は林内の日射や気温が低い環境に適応して，低い群落コンダクタンスをもつ．その一方で，大気飽差や土壌水分に対する応答は，群落蒸発散の群落コンダクタンスの応答との違いが小さかった．以上のように，東シベリア・カラマツ林の群落全体の蒸発散は，樹冠を構成する森林と，林床の植生とで日内〜年々変動の時間スケールごとに適応する環境応答が異なることを理解する必要がある．

4.3　北方林の炭素循環過程へのフィードバック

4.3.1　北方林生態系の炭素量と炭素収支

地上観測と衛星データの統合や推定精度の向上によって，北半球寒冷圏陸域には莫大な量の炭素の蓄積があることが明らかとなりつつある．2001 年の IPCC 第 3 次報告書時点では，ツンドラと北方林の生物群系（biome）の総炭素量は，植生と土壌層（1 m 深まで）で総計 686 PgC と推定されていた（IPCC，2000）．それが，2015 年時点の北半球極域の土壌炭素データベース（The Northern Circumpolar Soil Carbon Database）の推定（図 4.14）では，永久凍土域の面積（17.8×10^6 km^2）に限った土壌有機炭素量は 1307 PgC（不確定性の範囲が 1140〜1476 PgC）と見積もられた（Tarnocai *et al.*, 2009；Hugelius *et al.*, 2013）．この量は，おおよそ全球の地下の有機炭素量の約半分に相当する．その後，IPCC 第 6 次報告書（Canadell *et al.*, 2022）では，永久凍土域の有機炭素量は 1460〜1600 PgC と見積もられ，そのうち土壌有機炭素量として 1070〜1360 PgC（300〜400 PgC は地表から 1 m 深までの土壌層に存在する）と推定された．環北極の植生地図（The Circumpolar Arctic vegetation map）では，ツンドラ生物群系の地上部植物体量（aboveground phytomass）は 2.41 Pg と推定されており，これは約 1.2 PgC の有機炭素量に換算できる．北方林の生物群系全体における信頼性の高い見積りはその後まだなされていないが，ロシアの森林バイオマスは，46〜67 Pg と推定されている

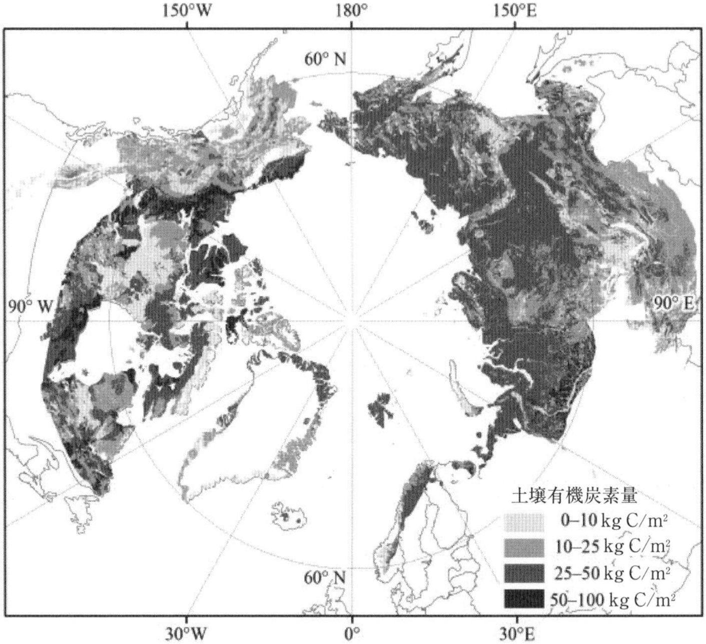

図 4.14　環北極の永久凍土地帯の土壌有機炭素量分布図
The Northern Circumpolar Soil Carbon Database から引用.

(Houghton *et al.*, 2007). 炭素量の推定値の大幅な上方修正から懸念されるのは，気候変動による凍土環境の変化がこの地域で進行すると，土壌（特に永久凍土層）に安定して蓄積していた炭素が大気中で循環を開始する状態に変貌する，という事態である.

ここでは，主にシベリア各地の森林計測と土壌調査や観測タワーによる微気象フラックス観測結果に基づき，永久凍土上に生育するカラマツ林の炭素蓄積量と生態系と大気との間の炭素収支に着目する．ユーラシア大陸東部に広域に生育する落葉針葉樹林（カラマツ）における CO_2 フラックス観測については，ロシアの東シベリア，モンゴル，中国での事例がある．このうち，中央シベリアと北東シベリアの多くのカラマツ林は，永久凍土上に成立しており，地下数十 cm より深い土壌は凍結し，地表層だけが夏の間に融け（活動層），森林生態系はその部分の水と養分を利用している.

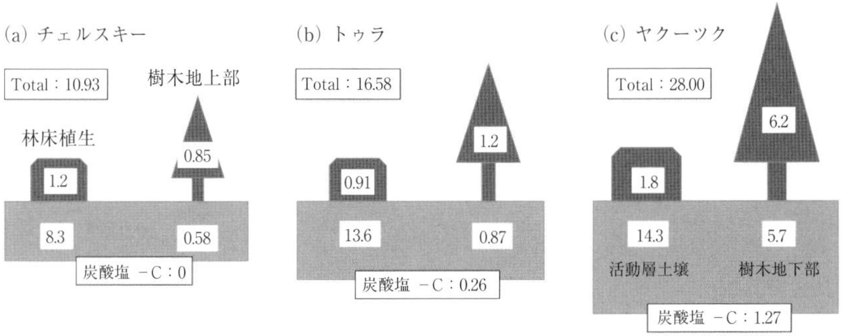

図 4.15　シベリア各地の永久凍土帯のカラマツ林生態系における炭素蓄積量の比較
単位：kg C/m^2．各地点の位置は図 4.1 を参照．Matsuura *et al.* (2005) に基づいて作成．

永久凍土帯のカラマツ林生態系に貯留された炭素について，土壌（有機炭素と無機炭素），林床の腐植堆積物と林床植生，森林樹体（根系・幹・葉）に分けて実測・推計した結果を図 4.15 に示す（Matsuura *et al.*, 2005）．図の 3 箇所は，ツンドラ－タイガ境界にあたるチェルスキー付近，中央シベリアのトゥラ付近，東シベリアのヤクーツク付近である．夏季の永久凍土表層の融解深（活動層厚）は，チェルスキー（38 cm），トゥラ（77 cm），ヤクーツク（115 cm）と深くなる．

有機炭素の蓄積量について，森林樹体に関しては，地上部の現存量に蓄積している炭素量に匹敵する量が地下部にも蓄積されている．その比率（地上部の炭素量／地下部の炭素量）は 1.1～1.5 の範囲にある．熱帯林から冷温帯／非凍土帯の北方林までは，地上部と地下部の比率が 5：1～15：1 の範囲に収まり（松浦，2014），比率がほぼ 1：1 に近い永久凍土帯の北方林は，かなり特殊な環境条件の下に成立していることになる．生態系全体に貯留されている有機炭素は 11～28 kg C/m^2 と推定され，全体の炭素量の約 50～80% が土壌有機炭素として活動層に貯留されている．ヤクーツクやトゥラなどの極端な大陸性の気候では，夏季の乾燥にともなう炭酸塩形態の無機炭素が土壌中に集積されているのも特徴である．

さらにヤクーツク周辺の北方林生態系全体における永久凍土層内の土壌炭素量も含めた炭素蓄積量の推定値を表 4.1 に示す（Siewert *et al.*, 2015）．ヤクー

表4.1　東シベリア・ヤクーツク周辺の北方林における炭素蓄積量の推計結果
Siewert *et al.*（2015）の Table. 3 を抜粋して作成.

		森林					アラース	
	単位	カラマツ	アカマツ	シラカバ	火災跡	森林内湿地	草原	湿地
面積割合	%	42.0	2.6	18.9	2.5	10.1	12.8	10.2
炭素蓄積量	kg C/m^2	44.6	17.6	30.1	28.4	45.9	44.4	52.4
0–30 cm 深	kg C/m^2	8.5	6.1	7.2	9.1	12.3	12.9	7.5
30–100 cm 深	kg C/m^2	15.9	6.0	9.3	8.4	15.3	16.1	18.4
100–200 cm 深	kg C/m^2	14.2	1.9	9.2	7.8	16.3	15.2	26.3
有機物層	kg C/m^2	2.8	2.6	1.9	2.6	8.3	3.2	35.9
クリオタベーション	kg C/m^2	11.6	2.7	3.1	0.0	8.4	2.6	0.0
無機土壌中	kg C/m^2	24.2	8.6	20.8	22.6	27.2	38.4	16.3
活動層中	kg C/m^2	26.7	13.5	18.1	18.3	31.2	36.9	39.4
凍土中	kg C/m^2	11.9	0.4	7.5	7.0	12.6	6.9	12.8
林床の植物体	kg C/m^2	0.3	0.3	0.2	0.2	0.5	0.2	0.2
森林地上部	kg C/m^2	3.6	1.8	3.1	2.2	0.8	0.0	0.0
森林地下部	kg C/m^2	2.2	1.5	1.2	0.7	0.6	0.0	0.0
有機物層深度	cm	6.2	4.9	3.6	4.2	20.0	5.3	99.0
永久凍土面	cm	114.2	178.5	121.7	119.0	114.0	154.8	153.8

ツク周辺ではカラマツ林の寄与が全体の42% に達し，二次林に相当するシラカバ林や，凍土融解にともなうサーモカルストに起因する草地，湿地の寄与が10% 台である．炭素量の内訳を見ると，活動層内（図4. 15）に比べ，土壌中の有機炭素量はかなりの割合を占めることが明らかとなっている．このうち，凍土の凍結融解によって土壌表層の有機物層が無機質土壌内に撹乱的に取り込まれるクリオタベーション（cryoturbation）の効果もあるため，活動層の下部や永久凍土層の無機質土壌中には多量の有機炭素が含まれている．

次に，大気と森林との間の炭素交換量（炭素収支）を，森林内の蒸発散量と合わせてみてみよう．東シベリア・カラマツ林の長期的なフラックス観測による夏季の蒸発散量と炭素収支の見積を図4. 16 に示す．樹冠上の観測結果から，カラマツの開葉・生育期間に対応して，6月～7月に蒸発散量が最大となるのに対して，林床上では，蒸発散量は樹冠上よりもやや少ないがほぼ同様の季節変化をしている．樹冠上の純生態系交換量（NEE）は6月に CO_2 吸収のピークとなる季節変化を示す．NEE がソース（CO_2 放出）からシンク（CO_2 吸収）に変わる時期（5月12日～24日頃），逆にシンクからソースに変わる時期（8

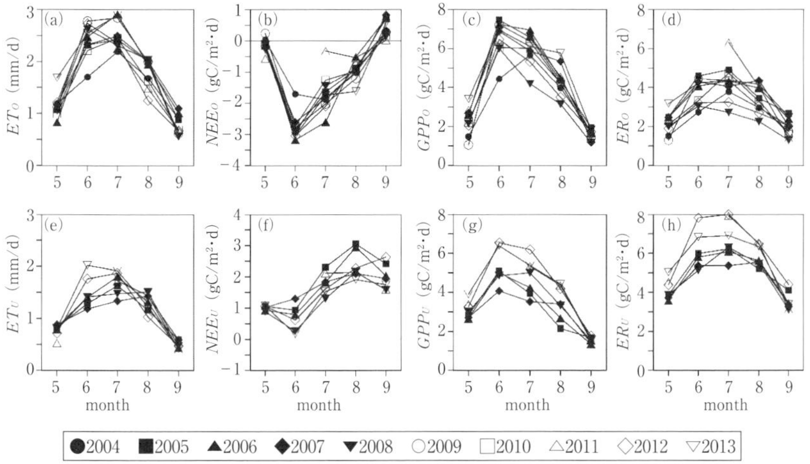

図 4.16　東シベリア（ヤクーツク）のカラマツ林における蒸発散量（*ET*），純生態系交換量（*NEE*），総一次生産量（*GPP*），生態系呼吸量（*ER*）の季節変化
上段が群落全体（樹冠上：地上 32 m），下段が林床植生（森林内：地上 3 m）．Kotani *et al.* (personal communication) より．

月 26 日～9 月 16 日頃）は，カラマツの開葉ないし黄葉・落葉のタイミングとほぼ同調して年々変動している（図 4.17）．すなわち，カラマツ林が CO_2 のシンクとなる期間は 6 月～8 月に限られており，年々変動の幅で 101 日～127 日間程度である．一方で，林床の NEE は生育期間を通じて正（ソース）であり，これは総一次生産量（GPP）に比べて生態系呼吸量（ER）が上回っていることによる．特に夏季後半（7 月～9 月）にその差が大きくなっている．しかし，年によっては，6 月に NEE が 0 に近づいており，日変化では NEE が負（シンク）となる日も現れている．常緑針葉樹からなる他の北方林では樹冠の鬱閉度が高く，林床植生の密度が低くなるため NEE はソースとなる例が通常である．それに比べると，永久凍土帯のカラマツ林は，地上部の密度が疎であることから，林床植生が水・炭素収支に果たす役割は無視できない．

4.3.2　森林火災と森林生態系変化

短期間で最も広域的な影響を与える北方林の撹乱に，森林火災がある．北方林で大規模な森林火災が起きると，地上部の樹木や林床植生だけではなく，地

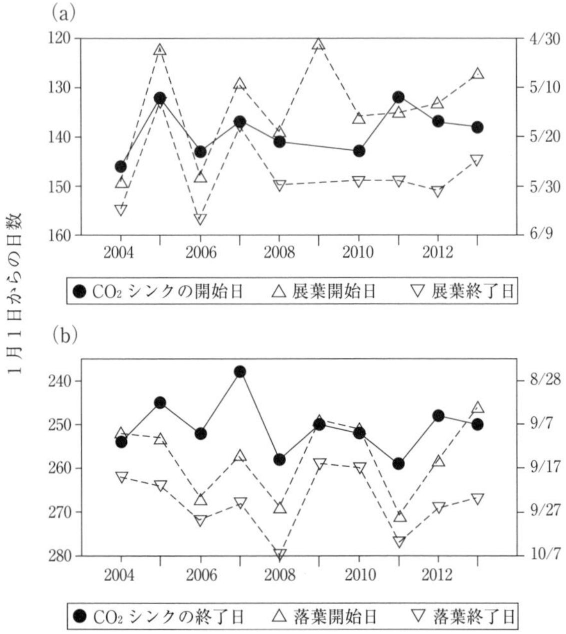

図 4.17　東シベリア（ヤクーツク）のカラマツ林における，(a) 展葉時期の CO_2 シンクの開始，(b) 落葉時期の CO_2 シンクの終了のタイミングの年々変動

下の永久凍土も影響を受ける．樹冠が開き，林床植生がなくなり，かつ地表面が炭化物で黒色に変わることで，日射による加熱が著しく増える．さらに，林床植生やリターによって厚く堆積していた有機物層が失われることで，断熱層がなくなり，地下への熱伝導がさらに強まる．その結果，森林火災の直後から永久凍土域の地表面の融解層（活動層）が深くなる．活動層の深さは，通常は東シベリア・ヤクーツクの健全なカラマツ林で約 100〜120 cm，中央シベリアのトゥラのカラマツ林では 30〜80 cm ほどであるが，森林火災後はさらに 100 cm 程度深く融解する．

活動層が深い状態は，植生の回復の時間スケールに対応して，火災後 30〜40 年は続くと考えられている．その間，地表面近くの地温はさらに上昇する一方で，土壌の有機態窒素の無機化が加速される．同時に，森林火災に適応したマツ属，カラマツ属の森林では，火災後に多くの種子を散布し，密度の高い

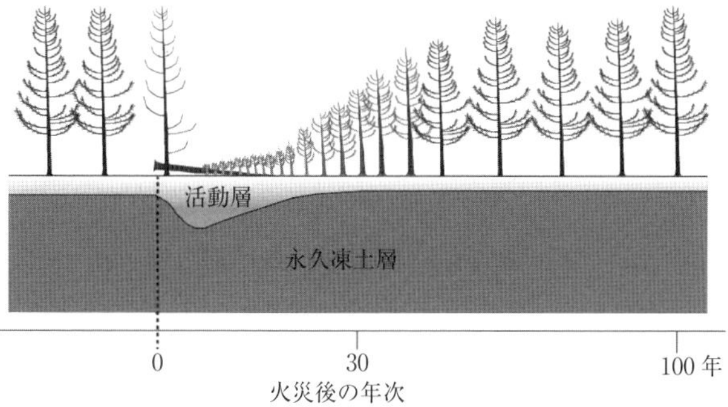

図 4.18　中央シベリア・トゥラ地域における大規模森林火災後のカラマツ林構造発達様式
Osawa *et al.* (2009) に基づいて作成.

実生が再生してくる（図 4.18：Osawa *et al.*, 2009）．これらの過程によって，大規模火災の履歴を受けた北方林では，林床の植生の再生と成長が促され，同齢林が発達しつつ，回復は速やかに進んでいく．

火災後 30〜40 年が経過すると，森林の成長にともない地表面への日射量が次第に減衰し，地表面温度や地温が低下するようになる．その結果，地表面の蒸発が抑制され土壌水分条件が改善され，林床にコケ層やコケモモなどの匍匐性の下層植生が再生してくる．これらの林床植生が発達すると同時に，樹木からの落葉（リター）が堆積することで，さらに断熱効果が回復する．そして夏季の地温上昇が抑制され，年々の融解深は次第に浅くなり，永久凍土層が回復する．一方，永久凍土層が回復すると，植物が利用できる土壌層は再び薄くなり，窒素無機化速度の低下や，植物の土壌養分環境が逆に悪化し始めると考えられる．

森林火災から十分な時間が経過すると，地上部現存量の増加が緩やかになり，樹木の枯死と成長が打ち消しあってバランスしていく．中央シベリアのカラマツ林における年輪解析に基づく推定では，火災後 40 年が経過すると地上部バイオマスの増加は鈍化し，平均樹高が 8 m 程度に漸近するとともに，林分密度の減少が生じる（図 4.19：Osawa & Kajimoto, 2009）．それは，年数が経つにしたがって，生き残った個体がまばらに生える疎な森林へと移行していくことを意味している．地上部が疎なシベリアのカラマツ林は，浅い融解層のため

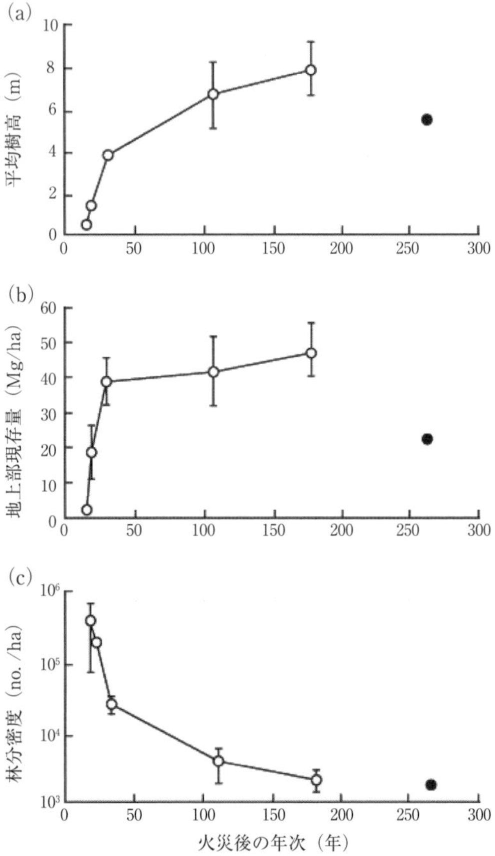

図 4.19　クロノシーケンスを用いて推定した，中央シベリア・トゥラのカラマツ林における（a）平均樹高，（b）地上部現存量，（c）林分密度の経年変化
黒丸は異齢林（その林齢は林冠木の平均）を示す．Osawa & Kajimoto (2009) より．

に深さ方向の根の成長が制限され，横方向に広がっていく．すなわち，地上部を維持するうえで水や養分を得るために広い面積が必要となるので，根の分布競争の裏返しとして疎な森林景観を生み出している．ちなみに，図 4.19 中に示される異齢林の場合では，カラマツ個体が一部生存しつつ樹齢の若い木が再生して成長途上にあるため，林冠木の平均樹齢が 250 年以上を経ているにもかかわらず，林分としての地上部バイオマスは他の同齢林に比べて小さい．

一方，森林火災の頻度が高い場合や，人為的な伐採や虫害など別の森林撹乱因子が重なると，北方林は再生しない過程を経ることになる．地表面撹乱によって活動層の深さが永久凍土層の地下氷が存在する深さまで達するかどうかが，その決定的な閾値である．活動層の深さがその閾値を越えると，融解した地下氷の水が流出し，蒸発散で失われ，その体積減少に応じて地盤が沈下し，地形が不等に陥没するサーモカルスト地形（4.1.1 項参照）になってしまう．地盤の沈下にともない，サーモカルストの中央部では湖沼化が始まり，もとの北方林から草原や水域へと変化する．東シベリアの連続的永久凍土帯の地下氷は過去の氷期に形成され，その厚さは 20～40 m に達する．地下氷は地表面から約 2～2.2 m より深い層に存在しており，森林火災などによる地表面撹乱の結果，活動層がこの深さを超えて永久凍土層を融解する状態になると，サーモカルスト地形が発達しはじめる．東シベリアの北方林地域では，長期的な永久凍土融解によるサーモカルストが進行し，アラースと呼ばれる開地（4.1.1 項参照）が分布している．

いったんサーモカルストによる草原化が進行すると，土壌面からの蒸発が盛んにおこり，土壌中の塩類が地表面付近に集積するため，土壌の化学的性質が森林の再生には不適な状態に大きく変わる．カラマツ林からアラース中央部にかけての活動層土壌内の電気伝導度（ECe）と pH の鉛直分布の測定によると（図 4.20：Lopez *et al.*, 2007），健全な森林内では，季節を通じて森林内の表層土壌の電気伝導度は低く，表面付近は酸性～中性を示している．森林では活動層の下部に電気伝導度が相対的に高い層が存在しているが，その層の地表面付近への移動・集積はほとんど認められない．一方，アラース草原内では，50～60 cm 深をピークとして，電気伝導度が高く集積する層が形成され，夏季の盛んな蒸発を経た 7 月～8 月には電気伝導度がより高い状態になっている．また pH は土壌の表層付近からアルカリ性を呈するように変化しており，結果として耐塩性の草本種でないと優占しえない土壌環境へと変わる．

地表面変化を引き起こす森林火災が，温暖化を代表とする長期的な気候変動と重なることによって，地表付近の永久凍土の融解を引き起こす事態が続くと，これまで再生できていた北方林生態系が不可逆的に草原化する可能性が高まる．その意味でも，永久凍土と共存している北方林生態系では，撹乱の強度・頻度

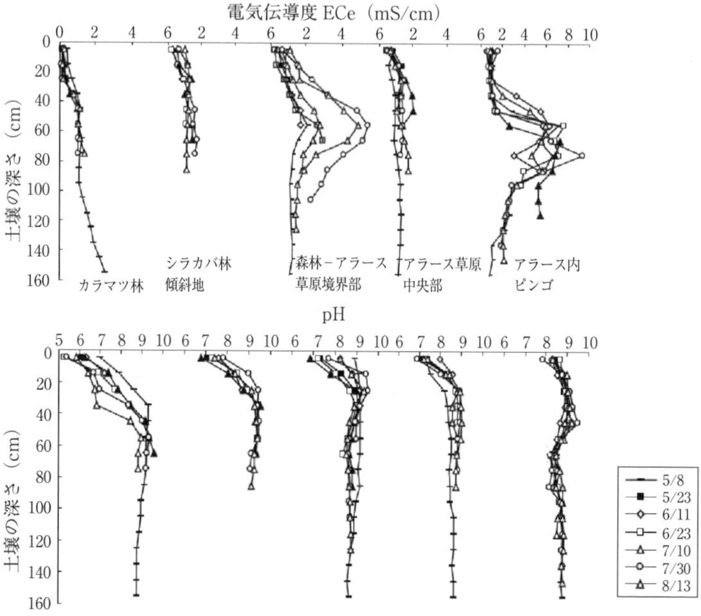

図 4. 20　東シベリア・ヤクーツク地域の各生態系の電気伝導度（ECe）と pH の土壌鉛直分布
Lopez *et al.*（2007）の Fig. 5 を改変.

と気候変動の重なりに対する生物・物理的な応答の実態とその変化するプロセスを，より総合的に注視していく必要がある.

4. 3. 3　北方林の草原・湖沼化による温室効果気体の放出量

現在の東シベリアで数多く見られる発達したアラースは，底面の土壌炭素の年代測定から，最終氷期後の約 9000 年前の温暖期（気候最適期）に形成されたと考えられている（Katamura *et al.*, 2009）. まわりの森林に比べ，数十 m ほど沈降したアラース内は，草原と池沼が点在する景観となっている. 北方林からアラース草原，湖沼とつづくこの地形・植生傾度に沿って，土壌水分や湛水状態の違いが生じており，それぞれの景観上でのメタン（CH_4）や一酸化二窒素（N_2O）などの温室効果ガスの放出量に大きな差をもたらしている.

ヤクーツク近郊のカラマツ林からアラース草原へと続く景観傾度に沿った，チャンバー法による温室効果気体の観測結果（図 4. 21：Takakai *et al.*, 2008）

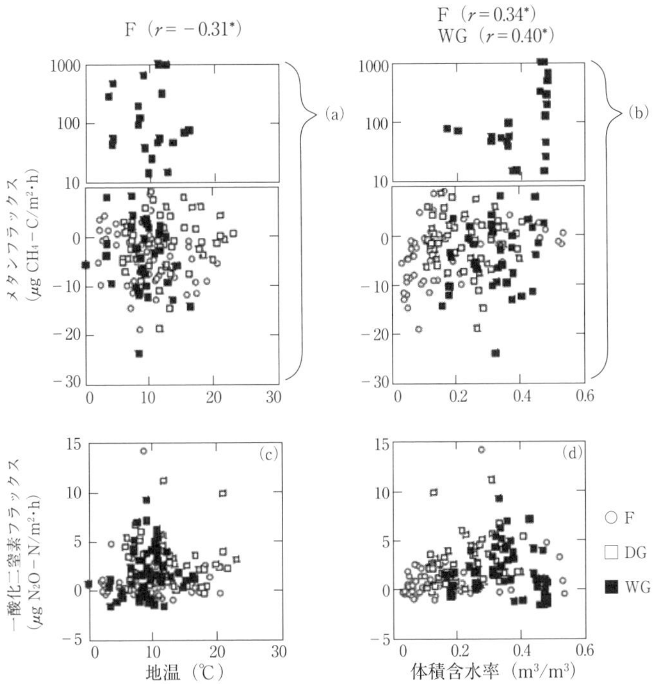

図 4.21　東シベリア・ヤクーツク地域の各生態系景観での地温（3 cm 深），土壌水分（体積含水率：0〜6 cm 深）と CH_4（メタン），N_2O（一酸化二窒素）フラックスの関係

(a)，(b) の 10 μg $CH_4-C/m^2\cdot h$ 以上のフラックス（放出）のみ対数で表示している．F：カラマツ林，DG：アラース内の乾燥草原，WG：アラース内の湿潤草原．2004 年，2005 年夏季の観測値：Takakai *et al.* (2008) より．

表 4.2　CH_4 と N_2O フラックスの各生態系タイプからの積算値

Takakai *et al.* (2008) より抜粋．

生態系タイプ	場所	緯度／経度	メタンフラックス（kg CH_4-C/ha）	一酸化二窒素フラックス（kg N_2O-N/ha）	計測期間
カラマツ林	Yakutsk, Russia	62.3 N/129.5 E	−0.13〜−0.08	0.009〜0.043	生育期間
ヨーロッパブナ／ノルウェイトウヒ林	Solling, Germany	51.8 N/9.6 E	−3.8〜−1.3	0.5〜1.6	1 年
トウヒ・モミ林	Northeastern USA	43–44 N/68–74 W	−1.85〜−0.74	0.02〜0.08	生育期間
アラース乾燥草原	Yakutsk, Russia	62.3 N/129.5 E	−0.048〜−0.038	0.036〜0.13	生育期間
アラース湿潤草原（一部の期間湛水）	〃	〃	17〜186	0.16〜1.7	生育期間
アラース湿潤草原（常に湛水）	〃	〃	513〜864	−0.031〜−0.025	生育期間
草原	Rovaniemi, Finland	66.6 N/26.0 E	3.64〜9.13	2.6〜5.3	1 年
牧草地	Donaumoos, Germany	49 N/11 E	−1.04〜−0.83	4.2〜19.8	1 年
北方林内スゲ沼地	Albarta, Canada	54 N/113 W	264〜552	—	1 年

によると，カラマツ林とアラース内の乾燥草原では，CH_4 は地温・土壌水分状態によらず負のフラックス（吸収）を示す．カラマツ林では，地温とは有意な負相関，土壌水分とは有意な正相関の関係にあり，これは他の多くの森林とも共通している．これに対して，アラース内の池に近い湿潤草原では，土壌水分状態に応じて，非常に大きな正のフラックス（放出）となる．北方林地域で CH_4 の分解に適した土壌の pH は 4〜6 の範囲にあると考えられており（Morishita, 2004)，図 4.20 で示したアラース草原の土壌の塩類集積による中性〜アルカリ性化によって，CH_4 の分解が抑えられる．さらに過剰な土壌水分や湛水状態の継続で，湿地化し嫌気性な環境が長く続くことで，CH_4 生成菌による活発な CH_4 放出が発生すると考えられる．

CH_4 と N_2O フラックスの積算量について，亜寒帯の他の生態系タイプと比較すると（表 4.2)，森林は CH_4 を吸収し，N_2O の放出は少ないという特徴がある中で，シベリアのカラマツ林は他の森林に比べても，かなり低いフラックスであることがわかる．それに対して，アラース草原や水域化した生態系になると，CH_4 の放出量は激増する．他地域の草原や牧草地が施肥の影響によって CH_4 よりも N_2O の放出量が多くなるのに対して，アラースでは土壌水分や湛水条件に応じた CH_4 放出量の増加が顕著に現れており，北方林内の自然沼地に似た特徴を示している．

ユーラシア大陸に広がるカラマツからなる北方林は大陸性の乾燥気候にもかかわらず，永久凍土の上に成立することで，絶妙なバランスで維持されてきた生態系であることがわかってきた．しかし，2000 年代に入り，多降水年の継続によって東シベリアでは気候が極端に湿潤化し，カラマツ林がこの湿潤状態に適応できずに枯死する地域が広がった．さらに，活動層内の土壌水分が複数年貯留し，凹地形であるアラースには数年にわたり広く水域が広がるなどの現象が発生した．先述の森林火災は，乾燥気候で起きる代表的な撹乱として長く研究対象となってきたが，気候の湿潤化は，シベリアの北方林地域で経年的に持続する全く異なる撹乱として，注目されはじめている．特に，森林から草原，水域景観への変化にともなう温室効果気体の放出量の大きな違いを考慮すると，湿潤化による物質循環への影響の大きさが懸念され，今後の重要な研究対象となると考えられる．

4.4　北方林の水文過程へのフィードバック

4.4.1　流域水収支からみた河川流出

環北極陸域の河川流出量は古くから観測されており，米国のニューハンプシャー大学のグループがデータ収集に尽力している（Lammers *et al.*, 2001）．現在，日流出量や月流出量が ArcticRIMS や R-ArcticNET から入手できる（ArcticRIMS, 2017）．R-ArcticNET で入手可能な河川流出量の観測地点の位置を図 4.22 に示す．

環北極陸域のユーラシア三大河川と北米マッケンジー川における河川流出変動を大気水収支，総観気象，陸面状態と関連付けて体系的に考察した研究（Serreze *et al.*, 2003）によると，オビ川流域の蒸発散量が他流域に比べて大きいことを強調するとともに（表 4.3），永久凍土が広く存在するレナ川流域では，凍土融解にともなう河川流出量への寄与を示唆している．温暖化にともなう凍土融解の有無についてはその後の研究でも議論されている．

レナ川流域を対象に，大気再解析データ（JRA–25：Onogi *et al.*, 2007）が利用可能な 1979 年～2008 年（30 年間）に大気水収支法を適用し，河川流出量と正味降水量（降水量－蒸発散量）を比較した（Oshima & Hiyama, 2012）．再解析データの品質依存のため正味降水量の絶対量に関する厳密な議論はできないが，解析期間中，十年規模の年々変動をともないつつも正味降水量は河川流出量よりも常に少なく，1980 年代以降，その差は微増してきている．この原因としては，永久凍土融解にともなう融解水の河川水への付加が考えられる．

非永久凍土域の山地流域の場合，降水・地下水・河川水の交流関係を水質，特に水の酸素・水素安定同位体比を用いて小流域スケールで論じることが多い．一方，永久凍土域や環北極陸域の河川流域の場合，地下水（地下氷）のデータが得られにくいため，小流域スケールであっても，地下水と河川水の交流関係を論じた研究は少ない．特に，ユーラシア三大河川流域では，このような水文学的観点の研究はほとんどない．その中で，永久凍土域の東シベリア・レナ川流域内で降水・地下水・河川水の交流関係を推定した事例（檜山，2012；Hi-

図 4. 22　R-ArcticNET から取得できる環北極陸域の河川流出量の観測地点
R-ArcticNET（2014）より．http://www.r-arcticnet.sr.unh.edu/v4.0/main.html に基づいて作成．

表 4. 3　環北極・四大河川流域の水収支
Serreze *et al.* (2003)；Serreze & Barry (2005) に基づいて作成．

流域名	流域面積 (10^6 km^2)	降水量 (mm)	蒸発散量 (mm)	河川流出量 (mm)	河川流出量／降水量	蒸発散量／降水量
オビ	3.02	533	396	138	0.26	0.74
エニセイ	2.58	495	256	239	0.48	0.52
レナ	2.44	403	182	221	0.55	0.45
マッケンジー	1.69	411	241	171	0.41	0.59

yama *et al.*, 2013）を紹介する．

永久凍土域で地下水が存在するためには，凍土内に地温 0°C 以上の層が存在する必要がある．地表に河川や湖沼が存在すると，断熱効果によって冬季でもその直下が氷点下にはならず，不凍結状態になる．その結果，過去の不凍結状態が層状に記録されると，凍土内にタリク（talik）と呼ばれる部分融解層が存在することになる．タリク内を表層水起源の地下水が流動すると，それが地表に現れた部分は湧水として我々の目に認識される．

図 4. 23 は，ヤクーツクの南方約 50 km のレナ川東岸側の小谷で得られた湧

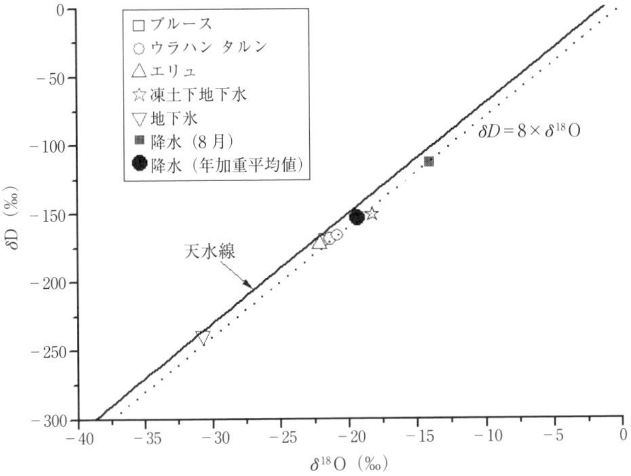

図 4.23　レナ川中流域，ヤクーツク地域における湧水・凍土下地下水・地下氷・降水の安定同位体比
檜山（2012）の図5を一部改変.

水（ブルース（Buluus），ウラハン タルン（Ulakhan-Taryn），エリュ（Eruu）の3湧水群）とともに，付近の地下氷，凍土下地下水，降水の酸素・水素安定同位体比をデルタダイアグラム（横軸に酸素同位体比 δ^{18}O，縦軸に水素同位体比 δD をプロットした図）で示したものである．図には，2011年8月現地訪問時に採取した降水（一回のイベント）とともに，ヤクーツクの降水同位体比（降水量で加重平均した年平均値：Kurita *et al.*, 2004）もプロットしてある．また，図には天水線（$\delta D=8\times\delta^{18}\mathrm{O}+10$）とともに，デルタダイアグラムの切片が0の直線（すなわち $\delta D=8\times\delta^{18}\mathrm{O}$）も描いてある．国際原子力機関（International Atomic Energy Agency：IAEA）の主導で実施された降水同位体比全球観測ネットワーク（Global Network of Isotopes in Precipitation：GNIP）のデータも参照すると，この地域の降水の酸素安定同位体比（δ^{18}O）の年平均値は−19‰程度である．

図4.23から，3ヶ所の湧水は同じような同位体比を示すことがわかる．そして降水と湧水がともに $\delta D=8\times\delta^{18}\mathrm{O}$ 上にプロットされていることから，湧水はほぼ降水起源であることがわかる．湧水の同位体組成に影響を及ぼす可能性のある地下氷（の融解水）に着目すると，酸素・水素とも同位体比がかなり

低く，地下氷が形成された時期，すなわち最終氷期（約一万数千年前）の降水の同位体比を反映したものと考えられる（檜山，2012）．湧水の同位体比は降水同位体比の年加重平均値よりも若干低めの値であり，降水と地下氷融解水の同位体比の間にプロットされている．したがって，湧水中には数%（多く見積もって 10% 程度）の地下氷の融解水が混入している可能性が高い．ただし，湧水の涵養域には湖沼群が存在しており，それらの湖沼水は冬季の降雪の融雪水とそれ以外の時期の降雨が混合したものである．夏季の降水は比較的速やかに大気に蒸発散してしまうため，湖沼水の同位体比は融雪水の値に近いものと考えられる．融雪水の同位体比は降水同位体比の年加重平均値よりも低いため，湧水の同位体比も降水に比べて低くなった可能性もある．したがって湧水への地下氷融解水の混入割合については，より厳密に定量評価していく必要がある．

凍土下地下水の同位体比は降水同位体比の年加重平均値よりも若干高く，湧水の同位体比より高い値を示す．ロシア科学アカデミー・永久凍土研究所によれば，この凍土下地下水はレナ川河川敷の地下に広がるタリクとつながっている．レナ川河川水の同位体比は δ^{18}O が－18～－25‰，δD が－140～－200‰である．春季の融雪出水後，夏季のレナ川河川水の同位体比は δ^{18}O で－18‰程度，δD で－140‰ 程度となるため，この凍土下地下水は，レナ川の夏季の河川水と連続している可能性がある．しかしながら，地下水の存在形態や水質組成から，凍土下地下水は湧水やレナ川の河川水と直接的な交流関係がなく，ほぼ停滞している地下水である可能性も高い（檜山，2012）．

このように，酸素・水素安定同位体比を含めた水質組成から，永久凍土域での降水・地下水・河川水の交流関係を明らかにすることが可能である．今後は，陸面モデルに酸素・水素同位体比を取り込んだモデル（同位体陸面モデル）を用いて，寒冷圏陸域における陸域水循環研究が進展することが望まれる．

4.4.2　陸水貯留

双子衛星間の距離変化を計測して重力分布を調べる GRACE（Gravity Recovery and Climate Experiment）衛星は，2002 年 3 月の打ち上げから 2017 年 10 月まで（約 15 年間）観測を行い，レナ川流域の陸水貯留量変動を含む様々な地球物理学的現象を重力変化の形で捉えてきた（Suzuki *et al.*, 2016）．球面

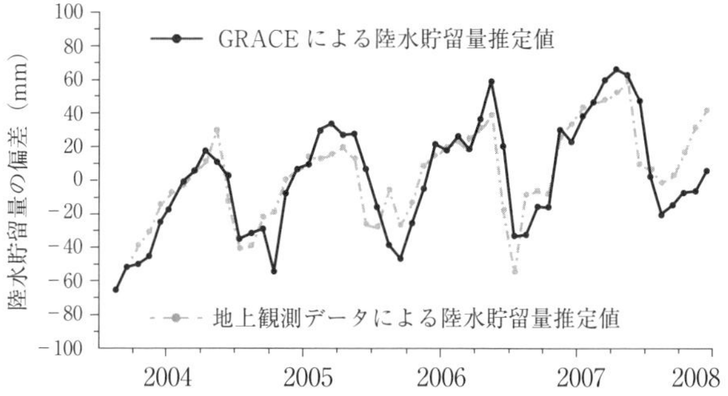

図 4.24　GRACE から得られた東シベリア・レナ川流域の陸水貯留量の偏差（黒実線）
破線（グレー）は地上観測データから推定した陸水貯留量の偏差．小川ほか（2010）の図 3 を一部改変．

調和関数展開を用いたフィルター（Swenson & Wahr, 2002；2006）でGRACE の重力変化データの空間ノイズを軽減すると，時間分解能で一ヶ月程度，空間分解能で数百 km 程度の陸水貯留量変動を算出することができる．2003 年 1 月〜2008 年 12 月の GRACE データを用いて東シベリア・レナ川流域の陸水貯留量変動を調べた結果（小川ほか，2010）から，明瞭な季節変化を示しつつ，年間 11 mm 程度の割合で陸水貯留量が増加していることがわかる（図 4.24）．これは，タイガに点在する湖沼の拡大，正確にはサーモカルスト地形の最終段階として形成されたアラースに貯留される湖沼水の増加と，活動層内の土壌水分量の増加（Iijima *et al.*, 2010）に起因していると考えられる．

一方，他の研究事例では，2003 年 1 月〜2009 年 10 月の GRACE データを用いて陸水貯留量変動を算出し，大気再解析データ（JRA–25）から正味降水量を求めてユーラシア三大河川の河川流出量を推定し，ArcticRIMS の河川流出量データと比較したものがある（Landerer *et al.*, 2010）．この研究から，上記期間におけるユーラシア三大河川の河川流出量の増加は，主に大気水蒸気の収束量の増加に起因しており，凍土中の地下氷融解の寄与は大きくないことが示唆されている．

4.4.3　気候湿潤化がもたらす水収支変化

ヤクーツクのカラマツ林ではタワー上の渦相関法によるフラックス観測データが蓄積され，現在では 20 年程度の長期間の変動を解析することが可能とな

図4.25　東シベリア（ヤクーツク）のカラマツ林における林床の様子
(a) 1997年，(b) 2012年．→口絵6

った．そこで，短期間の観測データでは得られなかった数年スケールの環境変動と森林群落の応答について，観測例を紹介する．ヤクーツク周辺では，平年を上回る降水が2000年代後半から数年続いたことを引き金として，地温の上昇と土壌水分の増加が観測されている（Iijima *et al.*, 2010）．ヤクーツクのスパスカヤパッド（カラマツ林）サイトにおいても，2005年〜2010年頃にかけて夏季の融解層深度が深くなり，土壌水分量が高い状態が維持されている．このカラマツ林サイトの周辺で，100 m スケールの微地形の平坦個所で水が溜まるところに生育していたカラマツの一部に葉を変色させた個体がみられた (Iwasaki *et al.*, 2010)．また，観測タワーの近傍のカラマツでも，2008年ごろから成長期途中に葉が変色する個体や展葉しない個体が現れた．このような通常の生育状態ではないカラマツ個体の蒸散量は低下していたが，通常の個体は土壌水分の増加に応答して蒸散量を増加させていた（Iijima *et al.*, 2014）．また，2000年付近の観測開始時と比較して，カラマツ以外の低層木は成長し，林床植生の構成にも変化が現れた（図4.25）．このような水環境や植物の変化の影響は，これまでの本地域での森林生態系の撹乱として注目されてきた火災や伐採とは異なる環境変化をもたらすものであり，群落の熱・水フラックスへの影響の解明が進められている．

東シベリアの森林地域での熱・水フラックスの研究結果から明らかになったように，大気–森林間の相互作用とともに，土壌の凍結・融解プロセスとカラマツの水利用を含めた凍土–森林の相互作用は本地域の陸面過程に欠かせないものである．さらに，森林が消失しても凍土の急激な融解を遅らせるフィードバックが働くことが示唆されており（Iwahana *et al.*, 2005），大気–森林–凍土の相互作用系により，森林と凍土が維持されている．しかし，植生動態モデルを用いた温暖化感度実験では，2°C の気温上昇によりこのシステムが機能しなくなり，凍土が消失して落葉針葉樹林から常緑針葉樹林へ変化するという予測がある（Zhang *et al.*, 2011）．このような大規模な植生変化に至らずとも，森林火災や灌水により植物や凍土がダメージを受けると，局所的に地表面熱収支が変化すると考えられる．レナ川流域の土地被覆変化の広域蒸発散量への影響について，非静力学モデルを用いた感度実験を行なった結果（Yoshida *et al.*, 2013）によると，森林から草地への変化よりも，森林から水域への変化のほうが蒸発散量の増加が大きく，水域面積率が小さいほど敏感に変化することが示されている．また蒸発散量の増加にともなう降水量の増加も予想され，陸面過程と大気との間に強い相互作用が働くことが示唆されている．

今後，本地域において起こりうる気候変化により，地表付近の湿潤化が進行するのか，あるいは乾燥化が起こるのかは不確定である．しかし，いずれの環境変化に対しても陸域生態系の応答を介して地表面熱収支が変化し，大気へのフィードバックが起こると考えられる．熱フラックスのモニタリングとともに，これまでの観測で得られた知見を活用して，広域への影響を明らかにしていくことが，今後の本地域の陸面過程研究において重要である．

おわりに

本章では，北半球高緯度の森林（北方林）における水と炭素の動態を，永久凍土と水文気候との相互作用に着目して解説した．総論としての 4.1 節に続く 4.2 節（積雪や蒸発散などの陸面過程），4.3 節（炭素収支と炭素循環過程），4.4 節（水文過程）を通して，シベリアに代表される北方林生態系と永久凍土，その共存関係と水文気候の現在について理解いただけたかと思う．寒冷圏の水文気候は大気–陸域–海洋の相互作用系として成立し，それぞれが長期的にフィードバックするダイナミックな系である．本章がきっかけとなり，この分野の研究に関わってみたいと思われた読者には，関連する大学院への進学をお勧めする．この分野の研究者が増えることを期待して，この章を閉じることとする．

備考

本章の4.1.1項と4.1.2項は，檜山・藤原 編（2015）の第1章（檜山，2015）の一部を抜粋し修正したものである．また4.2.1項と4.2.2項は，飯島・佐藤 編（2014）の第8章（飯島，2014）の一部を，4.2.3項は，同じく第6章（小谷，2014）の一部を，4.4.1項と4.4.2項は，同じく第5章（檜山，2014）の一部をそれぞれ抜粋し，修正したものである．

引用文献

ArcticRIMS（2017）*A Regional, Integrated Hydrological Monitoring System for the Pan-Arctic Land Mass.* http://rims.unh.edu/（2022.1.24 閲覧）.

Baldocchi, D., Kelliher, F. M. *et al.*（2000）Climate and vegetation controls on boreal zone energy exchange. *Glob. Change Biol.*, **6**, 69–83.

Betts, A. K., Ball, J. H. *et al.*（2001）Near-surface climate in the boreal forest. *J. Geophys. Res.*, **106**（D24）, 33,529–33,541.

Canadell, J. G., Monteiro, P. M. S. *et al.*（in press）Global Carbon and other Biogeochemical Cycles and Feedbacks. In: *Climate Change 2021: The Physical Science Basis. Contribution of Working Group I to the Sixth Assessment Report of the Intergovernmental Panel on Climate Change.*（eds. Masson-Delmotte, V., Zhai, P. *et al.*）Cambridge University Press.

Dolman, A. J., Maximov, T. C. *et al.*（2004）Net ecosystem exchange of carbon dioxide and water of far eastern Siberian Larch（*Larix cajanderii*）on permafrost. *Biogeoscience*, **1**, 133–146.

福田正巳（1996）極北シベリア．pp. 194，岩波新書．

福田正巳（2010）温暖化と永久凍土の融解．極圏・雪氷圏と地球環境（遠藤邦彦 ほか編），pp. 146–164，二宮書店．

Gong, G., Cohen, J. *et al.*（2007）Hemispheric-scale climate response to Northern Eurasia land surface characteristics and snow anomalies. *Glob. Planet. Change*, **56**, 359–370.

Hall, F. G., Betts, A. K. *et al.*（2004）The boreal climate. In: *Vegetation, Water, Humans and the Climate: a new perspective on an interactive system.*（ed. Kabat, P.）pp. 93–114, Springer.

Hedstrom, N. R. & Pomeroy, J. W.（1998）Measurements and modeling of snow interception in the boreal forest. *Hydrol. Process.*, **12**, 1611–1625.

檜山哲哉（2011）タイガ——永久凍土の共生関係．水の環境学——人との関わりから考える（清水裕之 ほか編），pp. 114–115，名古屋大学出版会．

檜山哲哉（2012）極北・高緯度の自然環境．極寒のシベリアに生きる——トナカイと氷と先住民（高倉浩樹 編），pp. 98–111，新泉社．

檜山哲哉（2012）訪問記 名水を訪ねて（98）東シベリアの名水——ヤクーツク地域の水——．地下水学会誌，**54**，171–181．

檜山哲哉（2014）河川流出変動．北半球寒冷圏陸域の気候・環境変動（飯島慈裕・佐藤友徳 編），気象研究ノート，第230号，pp. 50–62，日本気象学会．

檜山哲哉（2015）気候・凍土と水環境．環境人間学と地域 シベリア——温暖化する極北の水環境と社会（檜山哲哉・藤原潤子 編），pp. 3–29，京都大学学術出版会．

檜山哲哉・藤原潤子 編（2015）環境人間学と地域 シベリア——温暖化する極北の水環境と社会．pp. 511，京都大学学術出版会．

Hiyama, T., Asai, K. *et al.* (2013) Estimation of residence time of permafrost groundwater in the middle of the Lena River basin, eastern Siberia. *Environ. Rese. Lett.*, **8**, 035040.

Hiyama, T., Fujinami, H. *et al.* (2016) Recent interdecadal changes in the interannual variability of precipitation and atmospheric circulation over northern Eurasia. *Environ. Rese. Lett.*, **11**, 065001.

Houghton, R. A., Butman, D. *et al.* (2007) Mapping Russian forest biomass with data from satellites and forest inventories. *Environ. Rese. Lett.*, **2**, 045032.

Hugelius, G., Tarnocai, C. *et al.* (2013) The Northern Circumpolar Soil Carbon Database: Spatially distributed datasets of soil coverage and soil carbon storage in the northern permafrost regions. *Earth Syst. Sci. Data*, **5**, 3–13.

Iida, S., Ohta, T. *et al.* (2007) Strategies of water use of main canopy trees and understory vegetation in a boreal forest. *Proc. 3rd Int. workshop on C/*H_2O*/Energy balance and climate over boreal regions with special emphasis on eastern Eurasia*, 11–14.

Iida, S., Ohta, T. *et al.* (2009) Evapotranspiration from understory vegetation in an eastern Siberian boreal larch forest. *Agric. For. Meteorol.*, **149**, 1129–1139.

Iijima, Y., Fedorov, A. N. *et al.* (2010) Abrupt increases in soil temperatures following increased precipitation in a permafrost region, central Lena river basin, Russia. *Permafr. Periglac. Process.*, **21**, 30–41.

Iijima, Y., Masuda, K. *et al.* (2007) Snow disappearance in Eastern Siberia and its relationship to atmospheric influences. *Int. J. Climatol.*, **27**, 169–177.

Iijima, Y., Ohta, T. *et al.* (2014) Sap flow changes in relation to permafrost degradation under increasing precipitation in an eastern Siberian larch forest. *Ecohydrology*, **7**, 177–187.

Iijima, Y., Park, H. *et al.* (2008) Interseasonal connection of hydrothermal components in a permafrost region in eastern Siberia. *Proceedings of the Ninth International Conference on Permafrost*, 761–766.

飯島慈裕（2014）北方林の冬季をまたぐ気候メモリと季節内・季節間の陸面過程連鎖．北半球寒冷圏陸域の気候・環境変動（飯島慈裕・佐藤友徳編），気象研究ノート，第 230 号，pp. 99–113，日本気象学会．

飯島慈裕・佐藤友徳 編（2014）北半球寒冷圏陸域の気候・環境変動．気象研究ノート，第 230 号，pp. 219，日本気象学会．

IPCC (2000) Summary for policymakers: Land use, land-use change, and forestry, *IPCC Special Report*, pp. 24.

石田 充（2007）植物季節の変動が蒸発散に与える影響．名古屋大学大学院生命農学研究科修士論文．

Iwahana, G., Machimura, T. *et al.* (2005) Influence of forest clear-cutting on the thermal and hydrological regime of the active layer near Yakutsk, eastern Siberia. *J. Geophys. Res.*, **110**, G02004.

Iwasaki, H., Saito, H. *et al.* (2010) Forest decline caused by high soil water conditions in a permafrost region. *Hydrol. Earth Syst. Sci.*, **14**, 301–307.

Iwata, H., Harazono, Y. *et al.* (2012) The role of permafrost in water exchange of a black spruce forest in Interior Alaska. *Agric. For. Meteorol.*, **161**, 107–115.

Katamura, F., Fukuda, M. *et al.* (2006) Thermokarst formation and vegetation dynamics inferred from a palynological study in central Yakutia, eastern Siberia, Russia. *Arct. Antarct. Alp. Res.*, **38**, 561–570.

Katamura, F., Fukuda, M. *et al.* (2009) Charcoal records from thermokarst deposits in central Yakutia, eastern Siberia: Implications for forest fire history and thermokarst development. *Quat. Res.*, **71**, 36–40.

Khatun, R., Ohta, T. *et al.* (2011) Spatial variations in evapotranspiration over East Asian forest sites. I. Evapotraspiration and decoupling coefficient. *Hydrol. Res. Lett.*, **5**, 83–87.

小谷亜由美（2014）陸面過程（地上熱・水フラックス）—東シベリア ヤクーツクでのフラックス観測を中心に—．北半球寒冷圏陸域の気候・環境変動（飯島慈裕・佐藤友徳 編），気象研究ノート，**230**，pp. 63–82，日本気象学会．

Kotani, A., Saito, A. *et al.* (2019) Impact of unusually wet permafrost soil on understory vegetation and CO_2 exchange in a larch forest in eastern Siberia. *Agric. For. Meteorol.*, **265**, 295–309.

Kurita, N., Yoshida, N. *et al.* (2004) Modern isotope climatology of Russia: A first assessment. *J. Geophys. Res.*, **109**, D03102.

Lammers, R. B., Shiklomanov, A. I. *et al.* (2001) Assessment of contemporary Arctic river runoff based on observational discharge records. *J. Geophys. Res.*, **106** (D4), 3321–3334.

Landerer, F. W., Dickey, J. O. *et al.* (2010) Terrestrial water budget of the Eurasian pan-Arctic from GRACE satellite measurements during 2003–2009. *J. Geophys. Res.*, **115**, D23115.

Lopez, C. M. L., Brouchkov, A. *et al.* (2007) Epigenetic salt accumulation and water movement in the active layer of central Yakutia in eastern Siberia. *Hydrol. Process.*, **21**, 103–109.

Lopez, C. M. L., Saito, H. *et al.* (2007) Interannual environmental-soil thawing rate variation and its control on transpiration from *Larix cajanderi,* Central Yakutia, Eastern Siberia. *J. Hydrol.*, **338**, 251–260.

Matsumoto, K., Ohta, T. *et al.* (2008a) Energy consumption and evapotranspiration at several boreal and temperate forests in the Far East. *Agric. For. Meteorol.*, **148**, 1978–1989.

Matsumoto, K., Ohta, T. *et al.* (2008b) Responses of surface conductance to forest environments in the Far East. *Agric. For. Meteorol.*, **148**, 1926–1940.

松浦陽次郎（2014）植生（森林生態・土壌）．北半球寒冷圏陸域の気候・環境変動（飯島慈裕・佐藤友徳 編），気象研究ノート，**230**，pp. 135–146，日本気象学会．

Matsuura, Y., Kajimoto, T. *et al.* (2005) Carbon storage in larch ecosystem in continuous permafrost region of Siberia. *Phyton,* **45**, 51–54.

Morishita, T. (2004) Effect of various environmental changes on CH_4 dynamics in soil ecosystems. Ph.D. thesis, Hokkaido University, Sapporo, Japan, pp. 108.

Nakai, Y., Sakamoto, T. *et al.* (1999) Energy balance above a boreal coniferous forest: a difference in turbulent fluxes between snow-covered and snow-free canopies. *Hydrol. Process.*, **13**, 515–529.

小川涼子・Benjamin F. C. ほか（2010）シベリア永久凍土帯における重力の季節変化と経年変化．月刊 地球，**32**，234–238．

Ohta, T., Hiyama, T. *et al.* (2001) Seasonal variation in the energy and water exchanges above and below a larch forest in eastern Siberia. *Hydrol. Process.*, **15**, 1459–1476.

Ohta, T., Kotani, A. *et al.* (2014) Effects of waterlogging on water and carbon dioxide fluxes and environmental variables in a Siberian larch forest, 1988–2011. *Agric. For. Meteorol.*, **188**, 64–75.

Ohta, T., Maximov, T. C. *et al.* (2008) Interannual variation of water balance and summer evapotranspiration in an eastern Siberian larch forest over a 7-year period (1998–2006). *Agric. For. Meteorol.*, **148**, 1941–1953.

Onogi, K., Tsutsui, J. *et al.* (2007) The JRA-25 reanalysis. *J. Meteorol. Soc. Jpn.*, **85**, 369–432.

Osawa, A. & Kajimoto, T. (2009) Development of stand structure in larch forests. In: *Permafrost Ecosystems, Siberian Larch Forests* (*Ecological Studies, Vol. 209*). (eds. Osawa, A. *et al.*) pp. 123–148, Springer.

Osawa, A. and Zyryanova, O. A. (2010) Introduction. In: Permafrost Ecosystems, Siberian Larch Forests (Ecological Studies, Vol. 209). (eds. Osawa, A. *et al.*) pp. 3–15, Springer.

Osawa, A., Matsuura, Y. *et al.* (2009) Characteristics of permafrost forests in Siberia and potential responses to warming climate. In: *Permafrost Ecosystems, Siberian Larch Forests* (*Ecological Studies, Vol. 209*). (eds. Osawa, A. *et al.*) pp. 459–481, Springer.

Oshima, K. & Hiyama, T. (2012) Seasonal and interannual variations of the Lena River discharge and those relationships with atmospheric water cycle. *Proc. 1st Internat. Confer. Global Warming and the Human-Nature Dimension in Siberia: Social Adaptation to the Changes of the Terrestrial Ecosystem, with an Emphasis on Water Environments, Research Institute for Humanity and Nature* (*RIHN*), 28–31.

Park, H, Sherstiukov, A. B. *et al.* (2014) An observation-based assessment of the influences of air temperature and snow depth on soil temperature in Russia. *Environ. Rese. Lett.*, **9**, 064026.

Pomeroy, J. W., Parviainen, J. *et al.* (1998) Coupled modelling of forest snow interception and sublimation. *Hydrol. Process.*, **12**, 2317–2337.

Schulze, E. D., Lloyd, J. *et al.* (1999) Productivity of forests in the Eurosiberian boreal region and their potential to act as a carbon sink -a synthesis. *Glob. Change Biol.*, **5**, 703–722.

Serreze, M. C. & Barry, R. G. (2005) *The Arctic Climate System* (*Cambridge Atmospheric and Space Science Series*). pp. 385, Cambridge University Press.

Serreze, M. C., Bromwich, D. H. *et al.* (2003) Large-scale hydro-climatology of the terrestrial Arctic drainage system. *J. Geophys. Res.*, **108** (D2), 8160.

粜田 孝 ほか（2002）東シベリア北方林域における *Larix Gmerinii* 林の水分動態と土壌水分，飽差との関係．日本林学会誌，**84**, 246–254.

Siewert, M. B., Hanisch, J. *et al.* (2015) Comparing carbon storage of Siberian tundra and taiga permafrost ecosystems at very high spatial resolution. *J. Geophys. Res. Biogeosci.*, **120**, 1973–1994.

Sturm, M. & Johnson, J. B. (1992) Thermal conductivity measurements of depth hoar. *J. Geophys. Res.*, **97** (B2), 2129–2139.

Sugimoto, A., Naito, D. *et al.* (2003) Characteristics of soil moisture in permafrost observed in East Siberian taiga with stable isotopes of water. *Hydrol. Process.*, **17**, 1073–1092.

Sugimoto, A., Yanagisawa, N. *et al.* (2002) Importance of permafrost as a source of water for plants in east Siberian taiga. *Ecol. Res.*, **17**, 493–503.

Suzuki, K., Kodama, Y. *et al.* (2008) Snow accumulation on evergreen needle-leaved and deciduous broad-leaved trees. *Boreal Environ. Res.*, **13**, 403–416.

Suzuki, K., Matsuo, K. *et al.* (2016) Satellite gravimetry-based analysis of terrestrial water storage and its relationship with run-off from the Lena River in eastern Siberia. *Int. J. Remote Sens.*, **37**, 2198–2210.

Swenson, S. & Wahr, J. (2002) Methods for inferring regional surface-mass anomalies from Gravity Recovery and Climate Experiment (GRACE) measurements of time-variable gravity. *J. Geophys. Res.*, **107** (B9), 2193.

Swenson, S. & Wahr, J. (2006) Post-processing removal of correlated errors in GRACE data. *Geophys. Res. Lett.*, **33**, L08402.

Takakai, F., Desyatkin, A. R. *et al.* (2008) CH_4 and N_2O emissions from a forest-alas ecosystem in the permafrost taiga forest region, eastern Siberia, Russia. *J. Geophys. Res.*, **113**, G02002.

田中広樹 ほか (2000) 北方落葉林における光合成・蒸散特性の季節変化：樹冠単層モデルを用いた解析．日本林学会誌，**82**, 259–267.

Tarnocai, C., Canadell, J. G. *et al.* (2009) Soil organic carbon pools in the northern circumpolar permafrost region. *Glob. Biogeochem. Cycles*, **23**, GB2023.

Toba, T. & Ohta, T. (2005) An observational study of the factors that influence interception loss in boreal and temperate forests. *J. Hydrol.*, **313**, 208–220.

Xue, B., Komatsu, H. *et al.* (2012) Interannual variation of evapotranspiration in an eastern Siberian larch forest. *Hydrol. Process.*, **26**, 2360–2368.

Yamazaki, T. (2001) A one-dimensional land surface model adaptable to intensely cold regions and its applications in eastern Siberia. *J. Meteorol. Soc. Jpn.*, **79**, 1107–1118.

Yamazaki, T., Yabuki, H. *et al.* (2007) Hydrometeological effects of intercepted snow in an eastern Siberian taiga forest using a land-surface model. *Hydrol. Process.*, **21**, 1148–1156.

Yoshida, M., Ohta, T. *et al.* (2010) Environmental factors controlling forest evapotranspiration and surface conductance on a multi-temporal scale in growing seasons of a Siberian larch forest. *J. Hydrol.*, **395**, 180–189.

Yoshida, R., Sawada, M. *et al.* (2013) Influence of land cover change on regional water cycles in eastern Siberia. *J. Appl. Meteorol. Climatol.*, **52**, 484–497.

Zhang, N., Yasunari, T. *et al.* (2011) Dynamics of the larch taiga-permafrost coupled system in Siberia under climate change. *Environ. Rese. Lett.*, **6**, 024003.

第5章 熱帯多雨林の水循環と生態系

小杉緑子

はじめに

今日熱帯多雨林は，「地球の肺」として CO_2 吸収・固定や，気候の安定などの様々な重要な機能を担うことが期待されている．熱帯多雨林の働きは，社会一般には「二酸化炭素を吸収し酸素を供給している」というふうに理解されているかもしれない．しかし，環境への影響の大きさから考えると，むしろ熱帯多雨林は「水蒸気を放出（蒸発散）し，二酸化炭素を吸収（光合成）すると同時に放出（呼吸）している」といえる．樹木は葉の気孔を通して二酸化炭素を取り込み光合成を行っているが，気孔を開くことにより蒸散がおこり，二酸化炭素の 100〜1000 倍もの水が樹体内から大気中に放出されている．樹木の生存と成長に必要な光合成活動を維持するためには，これを底支えする蒸散活動が維持されなければならない．蒸発散はまた，降水の多くを大気中に戻し水循環の駆動力となる．蒸発散の潜熱エネルギーに放射エネルギーが分配されることによって，地球の気候環境に巨大な影響を及ぼしている．水蒸気は最大の温室効果ガスでもあり，地球の温度環境を我々が生存可能な状態に保つ役割も果たしている．熱帯多雨林の様々な生態系機能（ecosystem function）が，水循環（hydrologic cycle）に底支えされているのである．

それゆえ，熱帯多雨林の存在を規定する，第一の要因も水である．熱帯域においては，降水量とその変動パターンによって，植生は熱帯多雨林から熱帯季節林，サバナ林へと姿を変える．熱帯多雨林というと，鬱蒼と茂るジャングルに降り注ぐスコールを想起する人も多いだろう．熱帯多雨林は，その名の通り，熱帯域の豊富なエネルギーと有り余る水とを享受して発達した森林であるが，それでは，実際にどれくらいの水があれば熱帯多雨林としての姿と機能を保ちうるのだろうか．また今日熱帯域では森林の減少・劣化・断片化が進んでおり，植生の改変や気候変動が水循環や水資源に与える影響が危惧されている．水循環の変化は物質循環などの生態系の各種プロセスや熱帯多雨林の存在そのものにも大きな影響を与えることが予想される．

そこで本章では，水循環の主要素である降水・蒸発散・流出について，熱帯域の特徴を概観し，次に植生が水循環に与える影響や，水循環過程が規定する様々な生態系機能を取り上げることで，水循環がどのように熱帯多雨林生態系の姿や諸機能と関わっているのかについて，観測研究で得られた知見をもとに見ていくこととする．

BOX 5.1　熱帯地域の気候区分

今日まで広く使われている代表的な気候分類法である「Köppen の気候区分」は，広域的にみた植生の分布が気候に規定されていることに着目して考案されたもので，月平均の気温と降水量を用いて気候を植生と関連付けて分類する．熱帯（A）は最寒月の月平均気温が 18°C 以上で，さらに降水量と降水パターンにより，Af（熱帯多雨気候：最乾月の月降水量が 60 mm 以上），Am（熱帯モンスーン気候：最乾月の月降水量が 60 mm 未満かつ「100－0.04×年降水量」mm 以上），Aw（熱帯サバナ気候：最乾月の月降水量が 60 mm 未満かつ「100－0.04×年降水量」mm 未満，かつ年降水量が乾燥限界以上），の概ね三つの気候区に分けられる（夏少雨区 As も僅かに存在するがここでは Aw に含む）．

Köppen の熱帯地域の区分は最乾月の月降水量に着目するが，乾燥月の長さはこの方法では反映されない．また Köppen のほかにも「Budyko の区分」や「吉良の温量指数と生態気候区分」など生態学の分野で使われてきたいくつかの気候区分は，年降水量，年平均気温や年積算純放射量などの年単位の気候値を指標に用いる．一方，月毎に蒸発散に使う水が賄えるかどうかに着目して評価する手法として，「Thornthwaite の区分」や「Walter の気候図」がある．いずれも蒸発散量の推定方法や指標化は大雑把なものであるが，最乾月の降水量や乾燥月の長さが水循環過程を通して植生に大きく影響する熱帯地域の特性を表現するにはよい方法である．「Walter の気候図」は，気温 10°C と降水量 20 mm を同じ幅の目盛で表示した雨温図から気候特性を図形的に可視化する．

水文学の分野では，UNESCO の国際水文学計画（International Hydrological Program：IHP）が，Chang and Lau（1993）の定義による気候区分法を用いている（藏治，1996）．この区分は，最寒月の平均海面更正気温 18°C 以上の地域を熱帯とする．また平均月降水量 100 mm 以上を 1，60 mm 以上 100 mm 未満を 0.5，60 mm 以下を 0 として「湿潤月数」をカウントし，平均年湿潤月数が 9.5 以上を「湿潤熱帯地域（humid tropics）」，7 以上 9.5 未満を「亜湿熱帯地域（subhumid tropics）」，4.5 以上 7 未満を「乾湿熱帯地域（wet-dry tropics）」，4.5 未満を「乾燥熱帯地域（dry tropics）」とする．平均月降水量 100 mm の基準値や，年降水量ではなく乾燥期間の長さを数えることの意味については，本章の次節以降を参考にしてほしい．

(a)
(b)
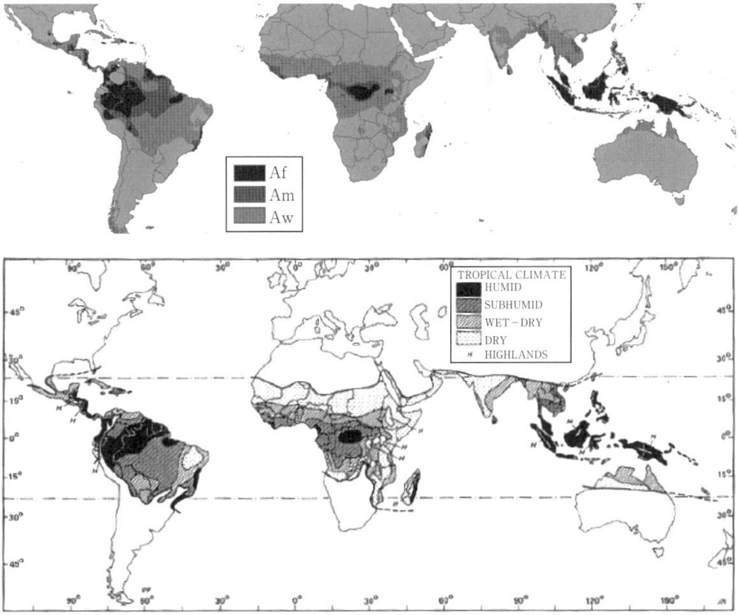

図　熱帯地域の区分
(a) Köppen の気候区分（Peel *et al.*, 2007），(b) IHP の気候区分（Chang and Lau, 1993）．

5. 1　熱帯多雨林の水循環

5. 1. 1　降水

熱帯における降水（precipitation）の地域性や季節変動・年々変動は，赤道付近に形成される低気圧地帯である熱帯収束帯（intertropical convergence zone：ITCZ）の動きと関連して起こる．ITCZ が南北に季節移動することにより，地域によって乾燥期・湿潤期を持つ降水特性となる．ITCZ の年々変動の他，エルニーニョ・南方振動（El Nino/southern oscillation：ENSO）による海面水温変動も，降水の年々変動の大きな原因となる．

熱帯多雨林は概ね Af 気候区ないし湿潤熱帯地域と対応して存在し，東南アジア，アマゾン川流域を中心とする中南米，アフリカ中央部に分布する．熱帯多雨林あるいは熱帯泥炭湿地林の降水特性の例を図 5. 1 に示した．年降水量よりも月降水量が 100 mm ないし 60 mm をどれくらい下回るかとその月数に着目してほしい．一口に熱帯多雨林といっても降水特性には大きな地域差があるが，同図（d）と（e）のアマゾン地域（Manaus, Santarem）では月降水量が 100 mm を下回る乾燥期間が 4 ヶ月に及び，(a)～(c) の東南アジア地域（Lambir, Pasoh, Palangkaraya）に比べて長い傾向がある．これは北半球の夏の期間に ITCZ が北に移動し，この地域を外れることが主な原因で，Palangkaraya の同時期のはっきりした乾燥期も同様の理由による．ただしどの場所でも月別降水量の年々変動幅は大きく，年によっては最乾月の降水量が 60 mm を下回って激しく乾燥することもある．長年の平均値をみただけではわからないが，最も年降水量の多い Lambir を含むどの場所でも乾燥期は存在し，年によってその強度および出現時期が変動する点は，熱帯多雨林における降水特性の重要なポイントである．

次に，雨の降り方をみてみる（図 5. 2）．Pasoh の日内降水分布をみると，降水のほとんどが午後遅い時間から夜間にかけて降り，午前中に少ない．Lambir では 13:00～15:00 と夜間の二つのピークをもち（Kume *et al.*, 2011），Manaus や Santarem では 14:00～17:00 にピークを持つ（Araujo *et al.*, 2002；

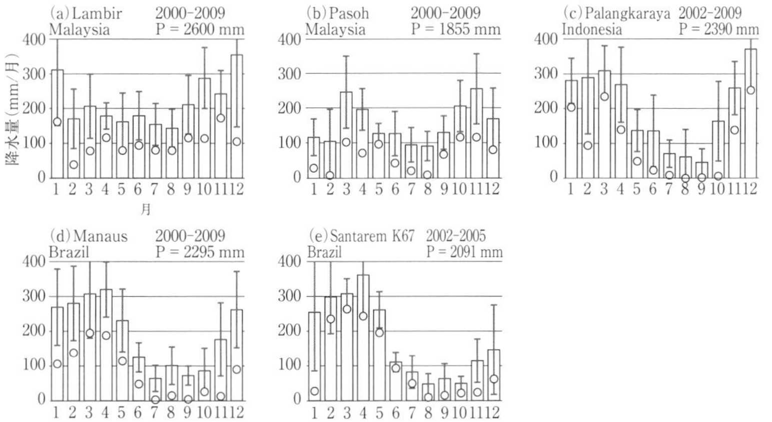

図 5.1　5つの熱帯多雨林ないし熱帯泥炭湿地林の長期タワー観測サイトにおける月別降水量の比較

(a) Lambir (Kume *et al.*, 2011), (b) Pasoh (Kosugi *et al.*, 2012), (c) Palangkaraya (Hirano *et al.*, 2015), (d) Manaus (気象庁 climatview), (e) Santarem K67 (Hutyra *et al.*, 2007).
P は平均年降水量，○は観測期間中の最低値，エラーバーは標準偏差を表す．

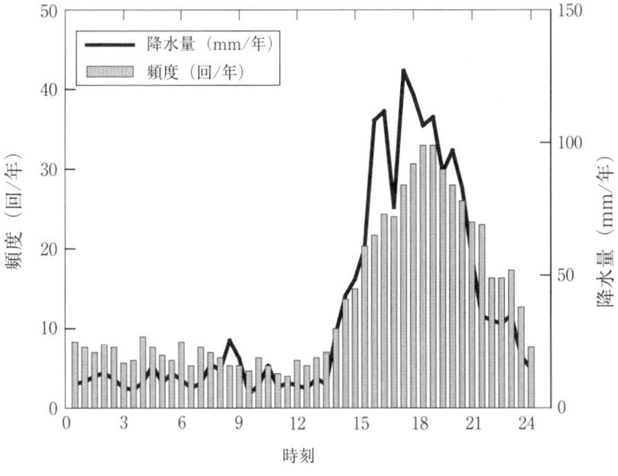

図 5.2　Pasoh における日内降水分布
Kosugi *et al.* (2008) より．

Da Rocha, 2004) など，場所によってピークの時間帯に若干の違いがあるものの，いずれも場所でも，午後を中心に比較的強い降雨強度の雨が短時間に降るという，積乱雲由来の降水，いわゆる対流性降水に典型的な特徴を有しており，より長い時間スケールの降雨イベントは稀である．

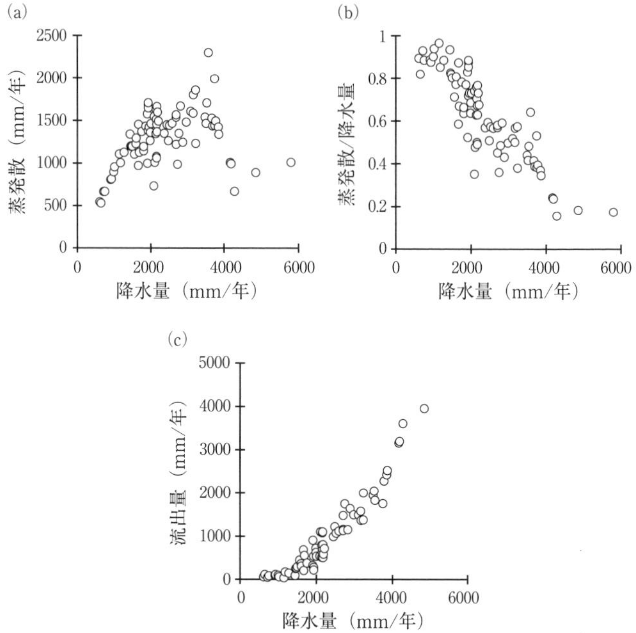

図 5. 3　熱帯域（20S-20N で平均気温が 18°C 以上）における，（a）年降水量と年蒸発散量の関係，（b）年蒸発散量 E が年降水量 P に占める割合，（c）年降水量と年流出量の関係
流域水収支法による 83 流域のデータを用いた．Komatsu *et al.* (2010) のデータより作成．

5. 1. 2　蒸発散

蒸発とは液相の水が水蒸気になる物理現象であるが，陸上生態系から大気への蒸発をとくに蒸発散（evapotranspiration）と呼ぶ．陸上生態系の蒸発散は，植物の光合成にともなって根から吸い上げた水の蒸発で定義される蒸散（transpiration）の他，植物体に付着した雨水の蒸発である樹冠遮断蒸発（interception evaporation）と土壌面蒸発（soil evaporation）によって構成される．

熱帯地域の蒸発散量はこれまでに，流域水収支法（catchment water balance method），渦相関法（eddy covariance method）の他，ボーエン比法など渦相関法以外の微気象法，土壌水収支法，樹液流法と降雨遮断法やモデルとの組み合わせなどいくつかの手法を用いた観測結果が報告されており，中でも最も古典的な手法である流域水収支法の観測例が多い．流域水収支法は，期間と流域

表 5.1　1 年以上の渦相関法によって観測された熱帯林の年蒸発散量

サイト	森林タイプ	年蒸発散量[*1] (mm)	年降水量 (mm)	期間	補正法[*2]	出典
マレーシア						
Pasoh	熱帯多雨林	1,071±71	1,865±288	2003. 1-2009. 12	N	Kosugi *et al.*, 2012
		1,287±52	1,865±288	2003. 1-2009. 12	ECBR	
Lambir	熱帯多雨林	**1,323±74**	2,600±272	2000. 1-2009. 12	BLM	Kume *et al.*, 2011
インドネシア						
Palangkaraya	泥炭湿地林	1,529±65	2,446±50	2004. 7-2008. 8	N	Hirano *et al.*, 2015
	排水なし	**1,636±53**	2,446±50	2004. 7-2008. 8	ECBR	
	泥炭湿地林	1,365±68	2,422±77	2001. 12-2008. 7	N	
	排水あり	**1,553±117**	2,422±77	2001. 12-2008. 7	ECBR	
	森林火災跡地	1,197±52	2,473±75	2004. 4-2009. 9	N	
	排水あり	**1,374±75**	2,473±75	2004. 4-2009. 9	ECBR	
ブラジル						
Manaus K34	熱帯多雨林	1,123	2,089	1995. 9-1996. 8	N	Malhi *et al.*, 2002
		1,307	3,066	1999. 6-2000. 9	ECFT	Costa *et al.*, 2010
Santarem K83	熱帯多雨林	1,281	2,200	2000. 7-2001. 7	N	Da Rocha *et al.*, 2004
Santarem K67	熱帯多雨林	1,123±10	2,091±248	2002. 1-2006. 1	N	Hutyra *et al.*, 2007
(K83＋K67)		**1,274**	2,081	2000. 6-2001. 6 (K83) 2002. 6-2003. 8 (K67)	ECFT	Costa *et al.*, 2010
Jaru	半落葉季節林	**1,303**	1,643	2004. 1-2005. 12	ECFT	Costa *et al.*, 2010
Sinop	半落葉季節林	**1,135**	1,825	2000. 1-2003. 12	ECFT	Costa *et al.*, 2010
中国						
Xishuangbanna	半落葉季節林	730±58	1,322±78	2003. 1-2006. 12	N	Li *et al.*, 2010
		1,029±29	1,322±78	2003. 1-2006. 12	ECBR	

＊1　太字はエネルギーインバランス補正済の数値を表す.
＊2　エネルギーインバランスの補正方法．N：未補正，ECBR：インバランス分をボーエン比で割り振って補正，ECFT：フィルタリング法でインバランス率が±30% 以上のデータを棄却したのち集計，BLM：平均インバランス率 20% を増した一年程度の断続的な渦相関法データをもとに Big-Leaf モデルで 10 年分を推定.

面積を定めて降水量から流出量を引いた残差を蒸散量とする方法で，降水量・流出量・蒸散量の 3 者で収支が閉じずに深層への水供給などがある場合には過大評価となる点は注意が必要であるが，熱帯地域では，概ね年降水量が 2,000 mm を超える場所で 1,400 mm 程度に収束する年蒸発散量（正確には年損失量）が報告されている（図 5. 3a，20S-20N で平均気温が 18°C 以上の 83 流域の平均値は 1,307±330 mm，年降水量 2,000 mm 以上の 49 流域の平均値は 1,409±308 mm）．蒸発散量の降水量に占める割合は 16〜97% とばらつくが，降水量 2,000 mm 以下ではかなり大きい値となる（図 5. 3b）．このような場所に存在する熱帯林は，利用できる水の大部分を蒸発散に使って森林生態系を維持している.

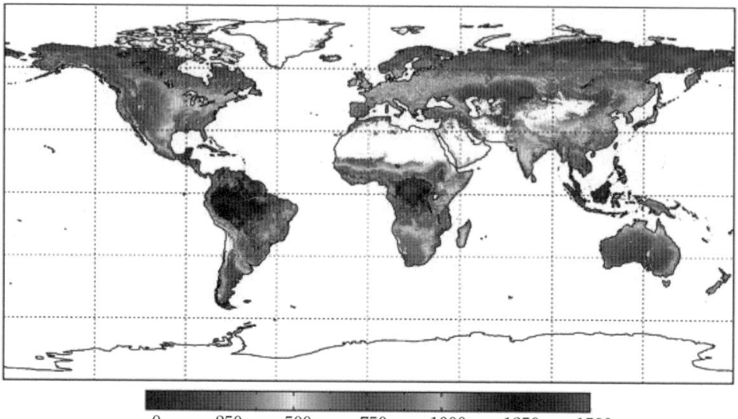

図 5. 4　世界の年間蒸発散量：渦相関法データで検証された数値モデルによる推定マップの一例
Mu *et al.*（2011）より．→口絵7

また，タワーサイトでの長期の渦相関法観測が行われている熱帯多雨林では，1～7 年間の観測結果に基づき 1,200～1,300 mm 程度，泥炭湿地林では 1,600 mm 程度の値が報告されている（表 5. 1，補正値のみ参照の場合）．より乾燥する場所を含む比較解析も行われているが，熱帯地域における蒸発散の決定メカニズムを地域横断的に説明するには情報の集約がもう一歩足りない．渦相関法で測定される値には，潜熱フラックスと顕熱フラックスを足しても有効エネルギーを平均 20% 程度下回るというインバランス問題（Wilson *et al.*, 2002）のために，看過できない程度の過小評価が疑われるが，これまでに報告されている値は補正値と無補正値が混在しており，補正方法も確立していない．渦相関法だけでなく，蒸発散量の算定手法はそれぞれに特有の問題点を有しており，現状ではどの手法も数十％程度の不確定性は孕んでいることを想定すべきである．

一方で今日では，観測結果を用いて検証された様々な数値モデルによる蒸発散量の推定マップが盛んに作成されているが（たとえば図 5. 4），これらの推定マップも基本的に観測から得られた情報を組み込んで広域に類推したものなので，観測情報がもつ不確定性に支配されている．熱帯域での蒸発散特性を明らかにするためには，フィールド観測や精度検証の研究がさらに進む必要があるだろう．植生からの蒸発散過程は蒸発の物理メカニズムだけで解くことはで

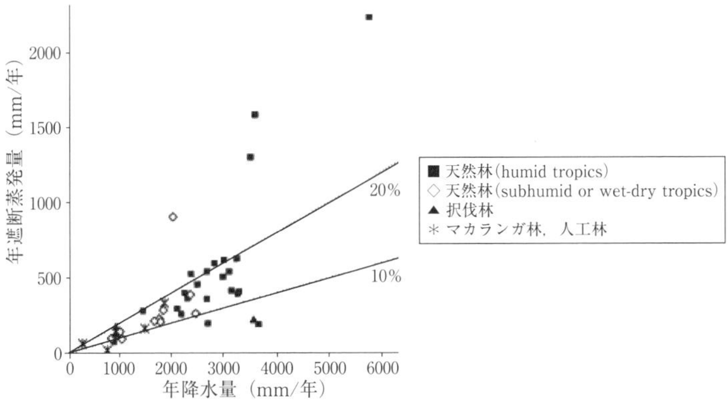

図 5.5　熱帯地域における年降水量と遮断蒸発量の関係
藏治・田中（2003）より．

きず，推定には何らかの植生の振る舞いを反映した情報が必須であり，その情報は基本的にフィールド観測からしか得ることができないことは，強調しておきたい．

一般に森林では蒸発散量のうち蒸散量の占める割合が最も大きい．蒸散量は渦相関法をはじめとする微気象学法による乾いた樹冠からの潜熱フラックスや，樹液流測定値を用いて算定される（第 1 章参照）．一方，湿った樹冠からの遮断蒸発量は，これまで水収支法で降水量から樹冠通過雨量（throughfall）および樹幹流下量（stemflow）を差し引いた樹冠遮断量（canopy interception）として調べられたものがほとんどで，熱帯域では概ね降水量の 10〜20% の値が報告されている（図 5.5）．また土壌面蒸発量は，森林では他の 2 成分に比べて寄与が小さく，様々なタイプの森林で蒸発散量全体の 3〜20% 程度の報告例がある（服部，1992）．樹冠が完全に閉鎖した熱帯多雨林の場合，寄与はさらに小さいと考えられる．熱帯多雨林の林床面が受ける日中の正味放射量は樹冠上の 1%，数 W m^{-2} のオーダーであり（e.g., Shuttleworth, 1984），このエネルギーをすべて用いても蒸発できる水の量は蒸発散量全体のせいぜい数%程度である．

BOX 5. 2　蒸発散：水文学的理解から生物環境物理学的理解へ

蒸発散量はこれまで水収支によって観測されたものが圧倒的に多く，年降水量や年平均気温などの気候値と年蒸発散量の関係で論じられることが多かった．次頁の図はその代表例で，世界各地の年蒸発散量が，年降水量との関係で概ね説明できる．ただ図（a）は，植生と年降水量で蒸発散量が説明できるように見え，誤解を生む危険がある．一方，図（b）は，蒸発散量が降水量と気温で概ね決まるように見え，植生の影響を抽出できない．またそもそも降水量も気温も，蒸発という物理過程をドライブする直接の因子ではないので，この方向性では観測結果をよく再現できる関係式を作ることはできても，蒸発散の理解がこれ以上進まないだろう．

そこで蒸発散を生物環境物理学的に理解する必要性がでてくる．第1章でみたように，植生面が受ける放射エネルギーの総量である有効放射エネルギーや温度と湿度で決まる飽差が，蒸発散の駆動力となる．これらの要因で決まる蒸発という物理過程を植生の様々な要因が調整している，というのが，生物環境物理学の視点である．植生面が濡れている時は遮断蒸発がおこり，乾いている時は蒸散がおこるが，降水量およびその降り方が両者の配分や移行に影響する．遮断蒸発には樹冠の大きさや構造が関係し，蒸散にはこのほかに植物葉の気孔開閉が関係する．また土壌面蒸発には樹冠の大きさや構造に影響を受ける土壌面に到達する有効放射エネルギー量と土壌の湿潤さが関係し，土壌の湿潤さにはリター層での水の貯留も関わっている．

年単位の水収支のデータからはこれらの要因が蒸発散にどのように関係しているのかを調べることはできないが，最近の20年ほどの間で，渦相関法による生態系フラックス観測が行われるようになり，30分～1時間という時間解像度で潜熱フラックスの形で蒸発散のデータが長期に得られるようになった．このようなデータを用いて，生物環境物理学の考え方で蒸発散現象を調べることができるようになった．植生の様々な要因を数値化するのに使われる最も単純で汎用性のある概念は，Penman-Monteith式だろう（第1章参照，以下P-M式と呼ぶ）．式（1. 18）を用いると，植生要因を空気力学的コンダクタンス（g_a, aerodynamic conductance）および群落コンダクタンス（g_s ないし g_c, surface or canopy conductance）という二つのパラメーターで数値化できる．P-M式は以前は g_a と g_c をモデル化して与えることで蒸発散量を推定するのに用いる推定モデルのひとつとされてきた．渦相関法データが長期で連続的に得られるようになった今日では，P-M式のインバース解析で算定できるこれらの数値はむしろ，蒸発散と同じ時間解像度で得られる観測値のひとつと位置づけられるだろう．群落全体での振る舞いをバルクに評価するこれらの指標と，個葉ガス交換観測などで得られた個々の植物の振る舞いとの関係を見ていくことによって，刻々移り変わる環境条件と生態系の諸機能がどのように相互に関係しているのかを知ることができる．

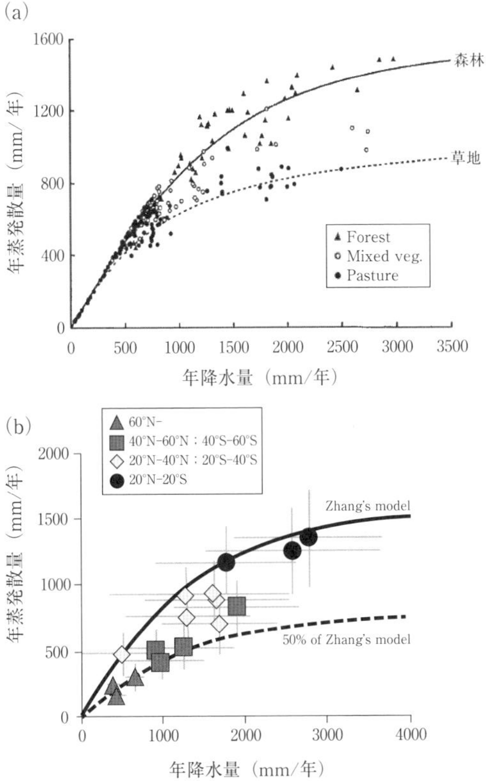

図　年降水量と年蒸発散量の関係

(a) 世界の250流域のデータで，森林と草地の蒸発散量の違いを二つのラインで説明．Zhang *et al.* (2001) より．(b) 世界の829の森林データで，Zhangらの森林における年降水量と年蒸発散量の関係に緯度（気温）の影響を組み込む．Komatsu *et al.* (2010) より．

5.1.3 流出

流域水収支法で測定された熱帯地域の年流出量を図5.3 (c) に示した．熱帯地域では他の地域と比較して流出量が非常に多いと特徴づけられがちである (e.g., Wohl *et al.*, 2012)．これは図5.3の流域水収支観測の結果からわかるように，熱帯の一部の地域では非常に降水量が多く，蒸発散量のほうは

表 5.2　熱帯地域の主な流域試験地を卓越流出経路によって四つに分類
Elsenbeer（2001）；Bonell（2004）；Chappell（2007）を元に整理.

卓越流出成分	流域試験地
浸透余剰地表流 (infiltration-excess overland flow)	Tai Forest (Ivory Coast, Wierda *et al.*, 1989)
飽和余剰地表流 (saturation-excess overland flow)	South Creek (Australia, Bonell and Gilmour 1978; Bonell *et al.*, 1981) La Cuenca (Western Amazonia, Peru, Elsenbeer and Lack 1996) Barro Colorado (Panama, Dietrich *et al.*, 1982)
側方浸透流 (throughflow subsurface stormflow)	Danum (Sabah, Malaysia, Chappell *et al.*, 1998, 1999, 2004; Chappell and Sherlock 2005) Rancho Grande (Rondonia, Brazil, Elsenbeer *et al.*, 1999; Chaves *et al.* 2008) Bisley II (Puerto Rico, Schellekens 2000) Belalong (Brunei, Dykes and Thornes 2000)
鉛直浸透＋浅い基岩層からの地下水流出 (vertical pathways＋shallow groundwater)	Bukit Tarek (Peninsula Malaysia, Noguchi *et al.*, 1997; Negishi *et al.* 2007) Bukit Timah (Singapore, Sherlock *et al.*, 1995, 2000; Chappell and Sherlock 2005)
鉛直浸透＋深い基岩層からの地下水流出 (vertical pathways＋deep groundwater)	Reserva Ducke (Amazonia, Brazil, Nortcliff and Thornes 1981, 1989)

1,400 mm あたりに収束することから生じる現象である．しかし一方で，熱帯域は他の地域に比べて蒸発散量が多い（図 5.4）ため，降水量が比較的少ない場所では流出量は少なくなる．それゆえ，熱帯域の流出量は多いところから少ないところまで相当の幅がある，というのがより正確な見方だろう．

熱帯林の流出特性として，まず注目されてきたのは地表流である．短時間の間に降雨強度の強い雨が降るという降水特性と，熱帯地域によく見られる粘土質の透水性の低い土壌や有機物層の乏しさが相まって，地表流はしばしば目撃される．しかしこういった局地的な地表流がすべて直接河川まで至るかどうかはまた別の話である．森林土壌の浸透能は概ね降雨強度に対して十分に高く，実際に河川において量的な評価を行うと，降雨が土壌に浸透せず直接地表流となって流れる浸透余剰（ホートン）地表流の流出全体に占める寄与は小さく，土壌が未発達なごく限られた場所でしか卓越しないことがこれまでに明らかになっている（Bonell, 2004；Chappell, 2005）．主に流出に寄与する経路を様々な熱帯林の流域で調べてみると，表5.2のように飽和余剰地表流，側方浸透流，鉛直浸透＋浅い基岩層からの地下水，鉛直浸透＋深い基岩層からの地下水，が卓越する流域にそれぞれ分かれる．後者ほど流出経路が深い．このような流出特性の違いには，流域毎の複雑な要因が絡んでおり，統合的な知見に至るには，より多くの流域においてより詳細な現地水文調査と解析が必要だろう．熱帯地域の流出特性は，温帯湿潤地域で得られた知見と共通する部分も多く，統合的な整理が待たれる．

5.2　植生が水循環に与える影響

5.2.1　植生と降水量の関係

熱帯多雨林の存在は，果たして雨を呼ぶだろうか．「森が雨を呼ぶ」現象とは，森林からの蒸発散によって陸域大気中に放出された水蒸気が，再び降水となって陸域に降る現象を指している．地球上の陸域全体で水収支をみると，陸域における降水量は113,000 km^3/year，陸域における蒸発散量は73,000 km^3/year，陸域大気への海からの水蒸気供給量は40,000 km^3/yearであり（Trenberth *et al.*, 2007），この数値からは陸域における降水に果たす陸域蒸発散の寄与が強く示唆される．

ある領域において，領域内の蒸発により供給された水が降水に再利用されている割合を降水再循環率（precipitation recycling ratio）という．アマゾン流域における降水再循環率の初期の文献値である50% 程度という値は，この地域の高い再循環率の証拠としてよく引用されてきたものの，蒸発散・降水比を用いた古い算定方法で過大評価と考えられ，妥当な値として25～35% の値が報告されている（Eltahir and Bras, 1996）．再循環率の全球分布を算定した山中（2009）の解析でも同程度の数値となっており，アフリカや南米中南部では雨期の再循環率が高く，時間スケールの短い活発な再循環が示唆されるとしている．再循環率には強い地域性があることには注意を払う必要がある．再循環が起こっているかどうかの指標として，降水の酸素水素安定同位体比を用いた解析も行われるが，再循環率の定量は難しいだろう．

高い降水再循環率は，これらの地域における森林の伐採が降水量の減少と不可逆な森林破壊とをともにもたらす危険性があることを意味する．熱帯多雨林伐採の影響についての評価は，大気大循環モデル（general circulation model：GCM）を用いたシミュレーション研究によって行われていて（Lawrence and Vandecar, 2015 のレビュー等を参照のこと），たとえば，熱帯地域をすべて草地に変えた場合には，気温上昇と降水量の減少が起こると予測されている．

地球温暖化も降水量に影響を与えると考えられている．温暖化についての科学的な研究を収集・整理する政府間機構である「気候変動に関する政府間パネル」（Intergovernmental Panel on Climate Change：IPCC）の第 6 次評価報告書（IPCC, 2021）は，ENSO に関連する降雨の変動が 21 世紀後半までに増幅する可能性が非常に高いとの予測を報告している．

今日すでに温暖化や森林伐採が原因で熱帯域での降水量が変化しているのかどうかを検知するには慎重な解析が必要だが，アフリカの熱帯地域で 10 年あたり 3〜4% の降水量減少の兆候がみてとれる一方，アマゾンおよび東南アジアでははっきりした兆候は見えない，とする報告（Malhi and Wright, 2004）がある．降水は大気・海洋・陸面相互作用が関係する複雑な過程であり，年降水量だけでなく，乾燥期の長さ，極大・極小値の変動，雨の降り方や降水の起源の変化など，想定される変化は多岐にわたるので，降水量変動とその影響を検知し評価するためには，気候値としての年降水量や月別降水量だけでなく，時間・空間解像度をあげた詳細な降水特性と，それが水循環過程や物質循環過程などの様々な生態系プロセスに与える影響の詳細な把握が必要になってくるだろう．

5.2.2　植生と蒸発散量・流出量との関係

熱帯地域では，焼畑，森林伐採，天然ゴムやアブラヤシなど商品作物の栽培，森林火災など，様々な要因による植生改変が進んでおり，森林の減少，断片化，劣化が問題になっているため，熱帯地域における植生改変が蒸発散や水循環にどのような影響を与えるかには大きな関心が持たれている．

図 5.4 は，蒸発散量が概ね気候の要因によって決まることを強く表している．ただしここで留意すべきは，気候・植生・蒸発散量の関係が相互に強く依

存しているという点である．つまり，ある場所に熱帯多雨林が存在するということは，熱帯多雨林に相応の蒸発散が見込まれるし，その量の蒸発散を賄うのに十分な水があるからその場所に熱帯多雨林が存在する，という事実である．十分な水が賄えない場所では熱帯多雨林は熱帯季節林，サバナ林へと移行する．降水量と蒸発散量との関係が明瞭に表れるのもこのためである．それゆえ，植生を改変すると蒸発散量が変化するかどうかを調べるためには，気象条件がほぼ同じで植生だけが異なる場所を比較しなければならないだろう．

蒸発散を構成する三つの要素である，蒸散・樹冠遮断蒸発・土壌面蒸発はいずれも，群落の有無やサイズ，構造，活性などが大きく影響する過程である（第1～2章参照）．森林が皆伐や焼畑などで草地に変わると，土壌面蒸発量は顕著に増加するが，蒸散量と樹冠遮断蒸発量が激減するため，蒸発散量が減少し流出量が増加すると考えられる．熱帯域におけるいくつかの流域試験では，最近植生が更新された森林で天然林より200～400 mm程度蒸発散量が少なかった（藏治，1996）．また熱帯林から大豆耕作地への改変で流出量が4倍に増加した（森林3流域で150±260 mm，大豆耕作地4流域で580±160 mm）との報告もある（Hayhoe *et al.*, 2011）．

一方，焼畑などの土地改変で蒸発散量が減少しない場合もある．多雨の地域では放置された草地に即座に樹木が侵入するので，時間とともに蒸散量および樹冠遮断蒸発量は増加し，土壌面蒸発量は減少していく．森林の一部が失われた場合も含め，3者のバランスの変化により蒸発散量が変化していくと考えられる．またアブラヤシ園や天然ゴム園への改変のように，森林の構成が商品作物などのより蒸散量が多く成長の早い樹木に変わった場合にも，蒸発散量が増加すると考えられる．東アマゾンやタイの，焼畑放置後の年数の違う二次林において，潜熱フラックスと正味放射フラックスの比を比較すると，焼畑放置後2年で即座に熱帯多雨林の値に近くなり，以降はそれよりも大きい値をとることが報告されている（Giambelluca *et al.*, 2002）．ほかにも断片化した二次林の辺縁で蒸散量が増加するという観測（Giambelluca *et al.*, 2003）や，天然ゴム林への土地改変が蒸発散量を増加させるというシミュレーション結果（Guardiola-Claramonte *et al.*, 2010）などがあり，改変された土地がプランテーション林を含む森林に移行する場合，改変直後を除けば，蒸発散量は元の天然林よりも増加すると考えられる．

熱帯泥炭湿地林ではまた違う結果が得られている．ボルネオ島の排水された泥炭湿地林の年蒸発散量はもとの森林よりも少なく（表 5. 1），両サイトの年蒸発散量は，各年の月平均地下水位の最低値との関係で統合的に説明できた（Hirano *et al.*, 2015）．この結果から，泥炭湿地林の場合は，排水し土地改変を行えば，最終的に蒸発散量は減ると予想される．

5. 2. 3　熱帯林における蒸発散の季節変動

渦相関法の長期観測結果からは，泥炭湿地林の年蒸発散量が多く，他はどこも 1,300 mm 程度の値を持つようである（表 5. 1，太字の補正済値を参照）．熱帯地域では降水の年内および年々変動と連動した湿潤期と乾燥期がみられ，水分・放射・気温・飽差等の環境条件もこれに応じて変動する．このような変

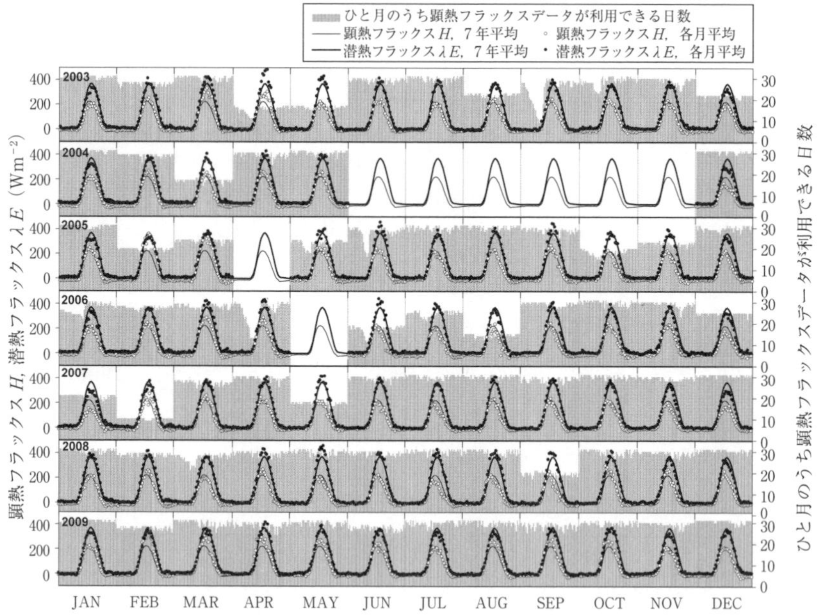

図 5. 6　Pasoh における潜熱フラックス λE（●）および顕熱フラックス H（○）の月平均日変化の 7 年間にわたる変動

実線は 7 年平均の日変化を表す．降雨中および降雨直後の遮断蒸発データを含む．Kosugi *et al.*（2012）より．

動に対応して様々な熱帯林の蒸発散量はどのように季節変動するのだろうか.

半島マレーシアの熱帯多雨林 Pasoh における，渦相関法による 7 年間の結果を見ると，顕熱フラックスが月毎に変動するのに比べて，潜熱フラックス（＝蒸発散）の変動幅は小さく，ほぼ 7 年間の平均値と変わらないという非常

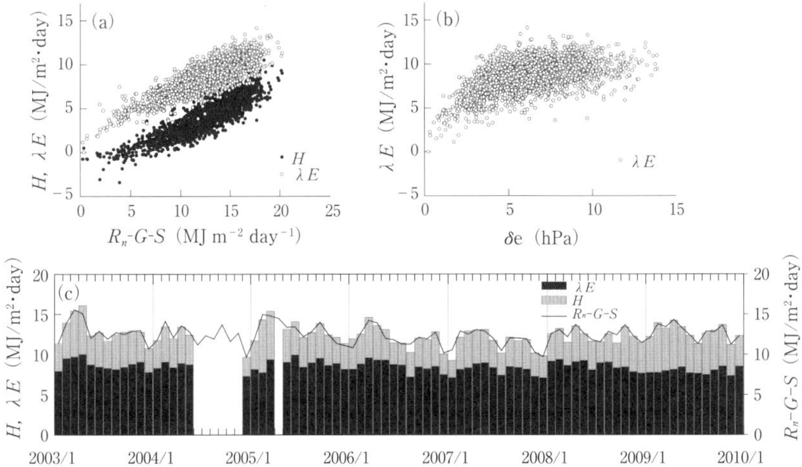

図 5.7　Pasoh における日積算潜熱フラックス λE および顕熱フラックス H の 7 年間にわたる変動
（a）日積算有効放射 R_n–G–S との関係，（b）日平均飽差との関係，（c）月平均値の推移．
Kosugi *et al.* (2012) より．

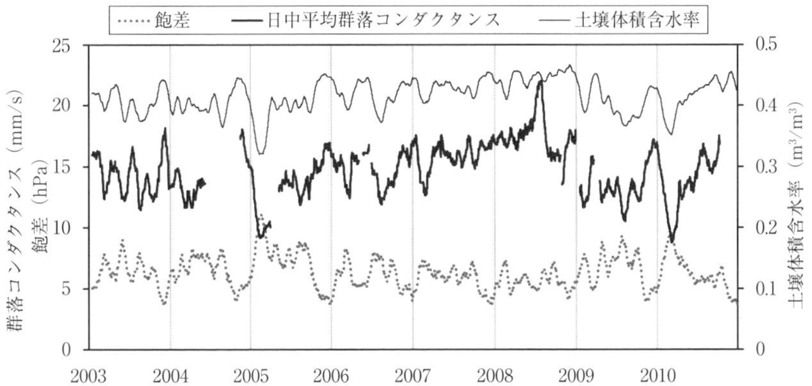

図 5.8　Pasoh における 2003–2010 年までの 8 年間にわたる日中平均群落コンダクタンス，土壌体積含水率，飽差の変動，30 日移動平均値（未発表データ）

に安定的な日変化を持つ（図 5. 6）．日単位でみると，日積算の潜熱フラックス（＝日蒸発散量）は概ね日積算有効放射量との関係で説明できるものの，放射エネルギーの増分はより多く顕熱フラックスに割り振られる（図 5. 7a；c）．これと対応し，飽差にドライブされるはずの日蒸発散量が飽差の高いところで頭打ちになっていて（図 5. 7b），過剰な蒸発散を防ぐために植生が気孔を閉じるなど群落コンダクタンスの調整（Takanashi *et al.*, 2010）を行っていることがわかる．さらに群落コンダクタンスの長期的な挙動を図 5. 8 に示したが，土壌水分および飽差に敏感に反応して群落コンダクタンスが季節変動している様子が見て取れる．その結果として，有効放射量の挙動との若干の依存を示す非常に安定的な蒸発散量が保たれているのである．

一方，インドネシアの熱帯泥炭湿地林 Palangkaraya では，日蒸発散量が概ね日積算正味放射量との関係で説明できる点は Pasoh と同様だが，正味放射量のはっきりした季節変動に対応して，蒸発散量が乾燥期にピークをもち乾燥期の終わりに急激に減少する特有の季節変動パターンを持つ．しかしこの裏で，地下水位の低下にともなう群落コンダクタンスの低下が蒸発散量をコントロールしていることがわかっている（Hirano *et al.*, 2015）．

よりはっきりとした乾燥期を有するアマゾン熱帯多雨林サイト（Manaus, Santarem K67，Santarem K83）では，乾燥期の日蒸発散量が放射エネルギーの増加に対応して 11〜21% 増加し，一方で二つの常緑・落葉混交林（Jaru, Sinop）では 6〜29% 減少，二つのサバナ林サイトでは 17〜56% 減少していた（Da Rocha *et al.*, 2009）．また，同じ場所でエネルギーインバランスが大きいデータを棄却する処理を行って再検討した結果では，日蒸発散量が熱帯多雨林（Manaus, Santarem）で 5〜10% の増加，常緑・落葉混交林（Jaru, Sinop）で 15% の減少から 5% の増加，という結果になっている（Costa *et al.*, 2010）．常緑・落葉混交林で乾燥期に蒸発散量が減るかどうかは微妙なところである．しかし一方で群落コンダクタンスを比較すると，乾燥期に蒸発散が増加していた熱帯多雨林でも群落コンダクタンスが 6〜22% 低下し，また二つの常緑・落葉混交林では 46〜53% 低下していた．また群落コンダクタンスは湿潤期においても乾燥したサイトほど小さかった（Costa *et al.*, 2010）．

さらに乾燥期が 4〜6 ヶ月とより長いタイの森林をみてみると（Tanaka *et*

al., 2008)，落葉林では乾燥期に落葉するため蒸発散量が低下するが，高地の常緑林（KogMa）では乾燥期でも蒸発要求の増大と対応して蒸発散量が増加することが報告されている（Tanaka *et al.*, 2003）．一方で，低地の乾燥常緑林（Sakaerat）では初期の断片的なデータから乾燥期における蒸発散量の低下が報告されているが，年間を通したデータ（Fisher *et al.*, 2009）からは降水の季節変化とは明らかに違うパターンの季節変化が見られることから，蒸発散量の低下と乾燥期との対応についてはより詳細な解析が必要だろう．

以上をまとめると，まず第一に，サバナ林や落葉林を除く，熱帯の常緑林における蒸発散量の季節変動パターンは，Santarem や KogMa のように乾燥期が相当長い場所も含め，概ね正味放射量や飽差などの蒸発要求の影響を強く受けて決まっていて，乾燥期でも激減しない．また群落コンダクタンスに見られる植生側の調整はどんな時でも働いているが，基本的に蒸発散量を大幅に減らす程度ではないことは，熱帯常緑林の特徴として非常に重要な点だろう．

またもう一点注目すべき点として，群落コンダクタンスの挙動にはサイト毎に違いがあり，乾燥した場所ほどもともとの値が小さく，乾燥期低下の程度も大きいことである．乾燥期に蒸発散量が増えるか，変わらないか，あるいは減るかの違いは，乾燥に対する群落コンダクタンス低下の程度の違いに起因している．群落コンダクタンスの大小には気孔開閉だけでなく葉量なども関係している．乾燥強度によってもともとの値に違いがあるということは，その土地の利用できる水で賄えるだけの植生が成立していることも一因と考えられる．

1,300 mm を超える大きい蒸発散量については，有効放射や飽差の違いのほか，遮断蒸発や土壌面蒸発の寄与の増大が考えられる．泥炭湿地林の地下水位に依存する大きな蒸発散量には，土壌面蒸発の寄与があるかもしれないし，また初期の水収支観測で報告されている，より多雨の場所での大きな蒸発散量は降水量や降水回数に依存する遮断蒸発の寄与が大きいかもしれない．

ただし，森林間の違いについての統一的な知見を得るためには，決定メカニズムを明らかにできる渦相関法などの時間解像度の高いデータを用い，インバランス補正方法や計算方法を統一して注意深くサイト横断的な比較を行う必要があるだろう．渦相関法で遮断蒸発時のデータをどのように処理するかも結果に大きく影響する（表 5.1）．P-M 式を使った解析も蒸発散を構成する三つの過程を分離できないので万能ではない．今後の研究の方向性として，三つの過程を生物環境物理学的手法で分離測定し，それぞれについて，決定メカニズムに基づいた比較解析を行っていく必要があるだろう．

5.2.4　熱帯多雨林が蒸発散を維持するメカニズム

これまでにみてきたことから，熱帯多雨林は概ね一日あたり 3.5 mm 程度，一月あたり 100 mm 以上，年間にして 1,200〜1,300 mm 以上の安定した蒸発散量を要する場所であることがわかる．先に気候区分（Box 5.1）で示した，水文学的区分で月降水量 100 mm が基準に使われる根拠はこのような点にある．しかし実際には，時として月 60 mm すら下回る乾燥期を経験する場所にも，熱帯多雨林は存在する．またそのような場所でも，乾燥期に森林の蒸発散量は決して激減しない．Pasoh の例（図 5. 8）を見ると，最も乾燥した期間（2005 年や 2010 年の 1〜3 月）でも，日蒸発散量の微減が見られる程度である．この間，群落コンダクタンスは土壌の乾燥と呼応して低下し最低ラインを記録しているが，それでも，植物が完全に気孔を閉じて蒸散を制限し，蒸発散量が激減するほどの程度ではないということがわかる．

蒸発散のための水は基本的にその流域での降水が使われるので，熱帯多雨林には，降水を生態系内に蓄え，乾燥期にも樹木の安定的な蒸発散活動や光合成活動を支えるための水を供給し続けるメカニズムが不可欠である．これには，二つの条件が関わっている．一つ目は，生態系内にそれだけの水を蓄えられる水文学的メカニズムがあるかどうかである．これには降水特性だけでなく，土壌物理性・地質・地形などが影響する流出特性が関係する．降水量としては足りていても，降水時の直接流出成分が多かったり，土壌中の貯水能力が低ければ，速やかに流出してしまうので，使える水が系内になく，物理的に蒸発散量を賄えない，ということになる．またもう一つの条件は，土層の深くまで根系が分布し，使える限りの水を効率よく吸水・利用できる水分特性を樹木が持っているかどうかである．

図 5. 9 は Pasoh のデータであるが，この場所では，熱帯多雨林生態系の蒸発散要求を満たすために，最も乾燥が長かった時には 6 ヶ月前までの降水をすべて土壌中に蓄えていたとしても賄いきれないほどの量（月当たり 100

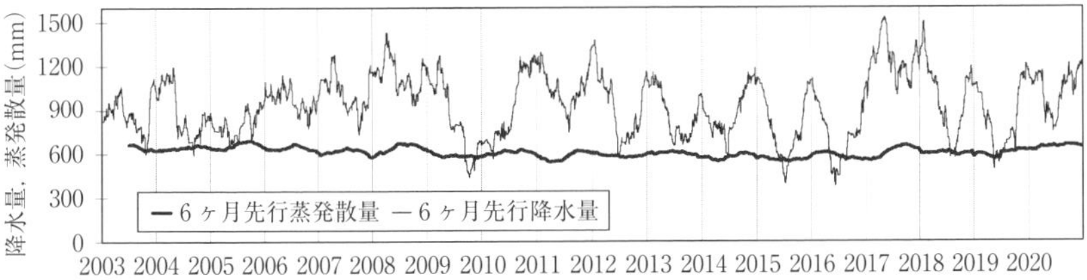

図 5.9　Pasoh における 2003～2020 までの 18 年間にわたる，6ヶ月先行蒸発散量および降水量の推移

Kosugi *et al.*（未発表データ）より．

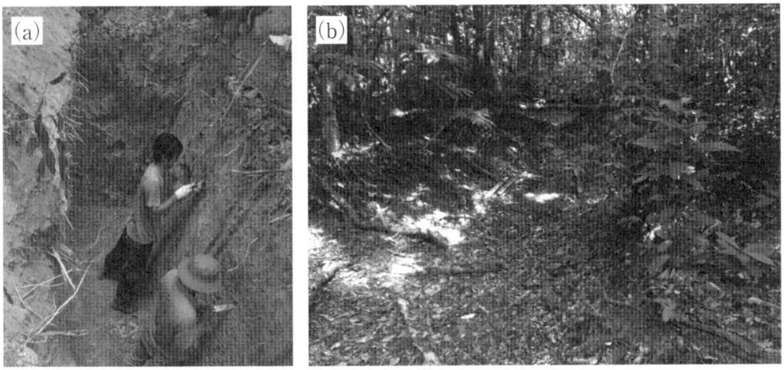

図 5.10　(a) 土壌・根系調査の様子，(b) 乾燥期に涸れ上がった川（Pasoh）→口絵 8

mm，6ヶ月で 600 mm 程度）の水が，実際に蒸発散によって使われている，ということを表している．また図 5.10（a）は Pasoh 試験地における土壌・根系調査の様子であるが，多くの根は 0～50 cm の表層に分布するものの，4 m まで掘ってもまだ細根が観察され，一方で地下水位は見られない．乾燥期には川が涸れ上がる様子が観察される（図 5.10b）が，それでも蒸発散量は激減しない．深い不飽和土層に貯留された水を樹木が最大限に利用していることが，平均年降水量 1,865 mm，年によっては 1,500 mm を切ることもあるこの場所で熱帯多雨林が成立し，平均年蒸発散量 1,287 mm（表 5.1）を賄える理由であると考えられる．アマゾン熱帯多雨林でも同様に深い根系が蒸発散を支えていることが報告されている．

5. 3　水循環が規定する様々な生態系機能

5. 3. 1　気孔開閉と光合成

前節でみたように，熱帯多雨林では年中蒸発散量が安定的に維持され，乾燥期でも蒸発散量は減らないが，群落コンダクタンスは低下していることが多かった．群落コンダクタンスの低下が気孔の閉鎖によるものとすると，気孔が閉じると二酸化炭素を取り込みにくくなるので，光合成もこれにともなって低下する．実際に熱帯多雨林において，このような現象が起こっているのかどうかについて，みてみよう．

熱帯多雨林の樹冠で樹木葉が実際にどのような振る舞いをしているのかを知るためには，採取した葉や見本園で光合成能力を測るような手法だけでは不十分で，樹冠にアクセスしてその場の環境下で日変化などの振る舞いを測定する．これには樹冠にアクセスするためのタワー，canopy walkway（図 5. 11）やクレーンなどが使われる．図 5. 11（a）右上のフタバガキ科 *Dipterocarpus sublamellatus* 個葉の飽和光下での光合成速度と気孔開閉の指標である気孔コンダクタンスの日変化を測定すると，ともに日中著しく低下し（図 5. 12），低下の程度は乾燥期ほど激しかった．午後には強光下で葉温が上昇し飽差が大きくなる．このとき過剰な蒸散を防ぐために気孔は閉じ気味になり，これにともなって光合成速度も落ちたと考えられる．飽差の増大による気孔コンダクタンスの低下

図 5. 11　(a) canopy walkway，(b) 個葉ガス交換測定の様子（Pasoh）→口絵 9

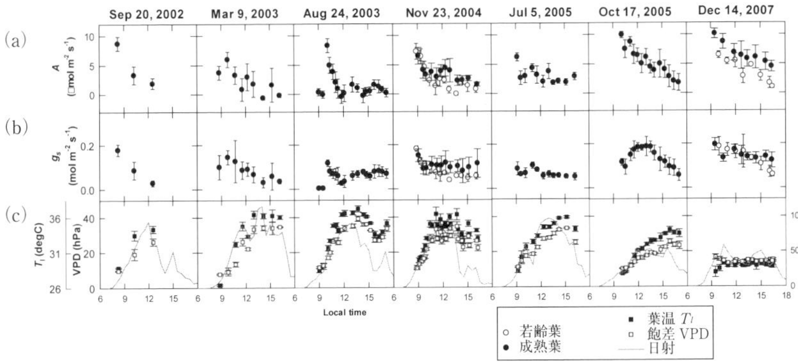

図 5.12　Pasoh におけるフタバガキ科 *Dipterocarpus sublamellatus* の飽和光下での個葉ガス交換の日変化

(a) 光合成速度 A, (b) 気孔コンダクタンス g_s, (c) 日射・葉温 T_l・葉面飽差 VPD. Kosugi *et al.* (2009) より.

は，あらゆるサイトで普遍的に観測されるが，その程度が緩やかであれば飽差増大による蒸散速度増大の影響と相殺しあって，蒸散速度はそれほど変わらない場合も多い．一方で光合成速度のほうは通常気孔コンダクタンスの低下と連動した低下がみられる．

BOX 5.3　不均一な気孔閉鎖による光合成低下

大気と生態系との二酸化炭素と水蒸気のやり取りにはどちらも植物葉の気孔開閉による調整が関わっているので，無降雨日の蒸発散のほとんどを占める蒸散活動が維持されるということは，基本的に光合成活動も維持されるということを意味する．ただし，蒸散には，気孔開閉などの植物側の調整だけでなく放射や飽差などの大気側のドライブ力の大きさが関係する．一方光合成のほうは，気孔開閉による調整だけでなく，拡散についての大気側の条件である大気二酸化炭素濃度が関係し，さらに葉の生化学的過程であるため，葉の光合成能力・光合成有効放射量・温度なども関係している．その結果，蒸散と光合成の関係は複雑になるので，単純な相関ではなく，今日ではメカニズムに基づいた生理生態学的，かつ生物環境物理学的解析が行われる．

Pasoh でみられる気孔コンダクタンスと光合成速度の連動した低下（図 5.12）も，この枠組みの中で解析されており，その結果，光合成速度の激しい低下は「不均一な気孔閉鎖」によるものであることがわかっている（Takanashi *et al.*, 2006；Kosugi *et al.*, 2009）．不均一な気孔開閉は，葉が維管束鞘細胞で区切られたいくつかの部屋に分かれている「異圧葉」で起こる現象で，光合成速度では不利になるが環境の変動に対して素早く反応できる点で有利だと言われている．現在，この不均一な気孔開閉によって生態系スケールでも光合成の日中低下がおこっている現象は，Pasoh でのみ報告されているが，異圧葉自体は，より湿潤な Lumbir サイトの樹冠を構成する高木（特にフタバガキ科）の多くでも見られる（Kenzo *et al.*, 2007）．Pasoh でも異圧葉は高木に多く中低木に少ないことや，異圧葉であっても不均一な気孔開閉が樹冠上部の厳しい環境下で，強光，高温，高飽差の条件が重ならなければ起こらないことなどがわかっている（Kamakura *et al.*, 2015）．異圧葉による不均一な気孔開閉のシステムが，熱帯多雨林の樹冠構成樹木が環境の乾燥度に応じて，臨機応変に反応し身を守りつつ光合成を行うための普遍的なシステムなのかどうかは，今後の研究課題である．

5.3.2　生態系の炭素収支

生態系は葉の光合成によって，大気から二酸化炭素を取り込む．その総量を総一次生産（gross primary production：GPP）という．取り込まれた炭素のうち，葉，枝，幹，根の呼吸や，土壌中有機物および落葉落枝の分解呼吸によって，大部分が大気中に再び放出される．この成分をまとめて，生態系呼吸（ecosystem respiration：RE）という．GPP から RE を差し引くと生態系全体の炭素収支である生態系純生産（net ecosystem production：NEP）となる．この値は生態系に取り込まれる炭素の収支を示しており，生態系が二酸化炭素を正味で吸収していればプラスの値となる．一方，大気と生態系との二酸化炭素のやり取りを直接測定する渦相関法では，生態系正味交換（net ecosystem exchange：NEE）が測定され，河川など系外へ流出する僅かな炭素を考慮しなければ NEP≈－NEE（正負の向きが反対）の関係が成り立つ．ここでは，大気と生態系全体の正味の二酸化炭素のやり取りである NEE が，水循環とどのように関係しているのかをみてみよう．

Pasoh における渦相関法による7年間の NEE 観測の結果（図 5.13）を見ると，NEE の変動幅は蒸発散（図 5.6）と同様に小さく，ほぼ7年間の平均値と変わらない非常に安定的な日変化を持つことがわかる．この安定性にはからくりがあり，まず前節で述べたように，乾燥期には気孔が閉じることによって光合成速度が若干落ちるので，総一次生産 GPP が乾燥期に少し減る（Kosugi *et al.*, 2012）．しかし一方で，生態系呼吸 RE の約半分程度を占める土壌呼吸

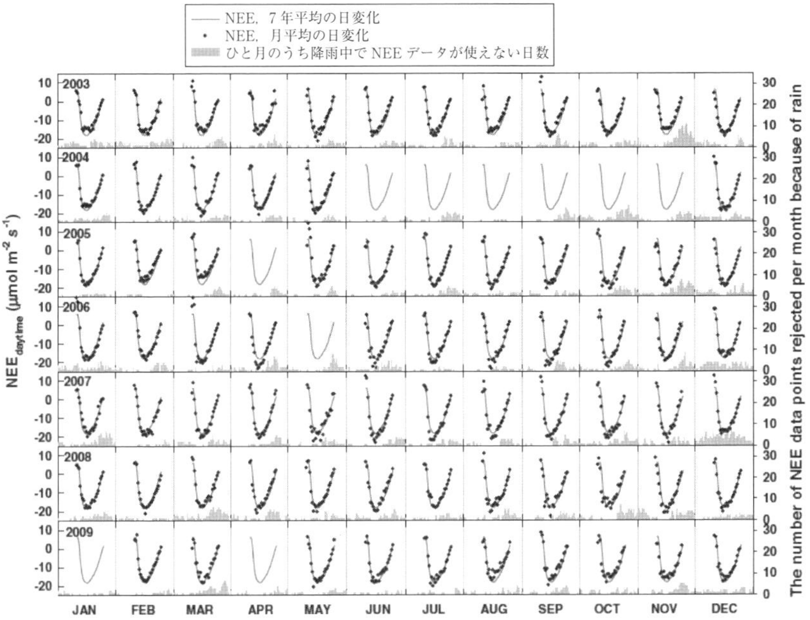

図 5.13　Pasoh における日中 NEE の月平均日変化の 7 年間にわたる変動
実線は 7 年平均の日変化を表す．降雨中および降雨直後のデータを含まず，その月毎の回数はグレーの棒グラフで表示．Kosugi *et al.*（2012）より．

（根呼吸と分解呼吸を足したもの）も，土壌水分の影響を受け乾燥期に減少する（Kosugi *et al.*, 2007）．これはおそらく分解呼吸が土壌水分の影響を受けるためだと考えられる．乾燥期には GPP と RE がどちらも減ることによって，その収支である NEE は安定的に推移したと考えられる．

異なる熱帯多雨林では異なる NEE の挙動が観測されている．アマゾン熱帯多雨林の Santarem では，乾燥期に土壌呼吸が減ることによって明らかに NEE が吸収側（マイナス側）に振れることが示されている（Goulden *et al.*, 2004）．Pasoh と Santarem の違いは，乾燥期の長さや強さの違いによる GPP や RE と土壌水分との関係の微妙な違いが NEE としての顕れ方の違いとなったので，GPP，RE の決定メカニズムは基本的に同じであると考えられる．またさらに泥炭湿地林の Palangkaraya では，乾燥期後半に地下水位の低下が泥炭分解による二酸化炭素放出を促し，乾燥による光合成の低下と相まって，NEE が放出側（プラス側）に振れることが明らかになっている（Hirano *et al.*, 2007）. Palangkaraya の例は他サイトとは違う方向の NEE の顕れ方であるが，土壌呼吸が湛水条件下で著しく減少することに起因する．降雨パターンに起因する土壌水分の変動が土壌呼吸の変動を左右することが，生態系全体の炭素収支である NEE の季節変動を決めている，という点では，同様のメカニズムと言える．いずれの場合も生態系全体での炭素収支は，「乾燥期には利用可能な水の制限によって二酸化炭素吸収が減る」という単純なストーリーと異なる点は，最近の渦相関法による生態系フラック測が明らかにした新しい発見であろう．

BOX 5. 4　森林の姿

熱帯地域において，炭素収支の最終結果である森林の姿と降水量との間に強い関係があることは，よく知られている．熱帯の森林型と気候との関係については，吉良のいくつかの著作（吉良，2011 に再録）に詳しく，ここではそれを紹介する．吉良は熱帯多雨林の生態系機能についての最初の金字塔である IBP（International Biological Program, 1965–1974）生産力調査の立役者のひとりであり，Pasoh サイトの産みの親でもある．

森林の姿と関係があるのは年総降水量よりも乾燥期の長さであり，月降水量が 100 mm を超える月が多い場所で「熱帯多雨林」が見られる．100 mm 以下の月が増えるにつれて，樹高が低くなり構造も単純化し，同時に乾燥期にそろって落葉する樹木が増えていき，「熱帯季節林」を形成する．熱帯季節林は湿潤なほうから順に「常緑季節林」「半落葉季節林」「落葉季節林」の 3 段階に分類される．それ以上乾燥期が厳しくなると，「サバナ林」へと移行する．森林の現存量もそれにともなって減少していく．

熱帯多雨林のなかでも，乾燥期の長さと森林の姿の間に関係が見られ，東南アジア各地の低地多雨林の最大樹高と月降水量 100 mm 以上の湿潤月の数との間には相関がある．ただし，ヒース（ケランガス）林と呼ばれる珪砂層上の貧栄養地の森林や，泥炭湿地林などの湿地林は，降水量は十分であるにもかかわらず樹高は低く現存量も少ない．樹高と土壌中のカルシウム量との間にも高い相関があるので，ヒース林や湿地林では，土壌母材の無機養分供給力が律速になっていると考えらえる．また，多雨林には低地多雨林から山地多雨林まで高度の違いによって異なるタイプの森林が存在し，高度が上がるにつれて気温が下がり，亜熱帯，温帯域の様相を呈するようになる．

5.3.3 その他の生態系機能

熱帯多雨林と大気の間で交換されている物質は，第一に水蒸気で，その交換速度（蒸発散）は日平均値で2～3 mmol $m^{-2}s^{-1}$ 程度の値である．第二は二酸化炭素であり，NEEの日中最高値は－20 μmol $m^{-2}s^{-1}$，GPPやREの日平均値は10 μmol $m^{-2}s^{-1}$，土壌呼吸の日平均値は4～5 μmol $m^{-2}s^{-1}$ 程度で，交換量は水蒸気と比べるとかなり減って100～1000分の1になる．前節までで取り上げてきた，この二つの物質の動きである水循環と炭素循環が，環境に与える影響の大きさを考えたときに最も重要な過程であるといえる．

熱帯多雨林と大気の間では，このほかにも多くの物質が交換されている．中でも重要なのは，産業革命以降大気中での急激な増加が懸念されている二酸化炭素に次ぐ温室効果ガスである，メタン（CH_4）と一酸化二窒素（N_2O）である．森林土壌では，好気条件下でメタン資化性菌によるメタン酸化がおこり，嫌気条件下でメタン生成菌によるメタン生成がおこり，その収支によって吸収か放出かが決まる．森林は概ねメタン吸収源と考えられているが，湿地域を含む森林では局所的にメタンを放出する．また一酸化二窒素は森林土壌では脱窒の過程で放出されるが，脱窒は嫌気条件下で起こる．農地やプランテーション林などの肥料を大量に使う土壌では特に多く放出されていることが知られている．熱帯多雨林がメタンや一酸化二窒素のどの程度のシンクかソースかについては様々な要因が絡んでおり，現在も観測研究が進められている最中であるが，降水パターンによって支配される土壌水分変動（Noguchi *et al.*, 2015）が深く関係していることは間違いない．Pasohの土壌では，メタンは0.35 nmol $m^{-2}s^{-1}$ 程度の吸収，一酸化二窒素は0.025 nmol $m^{-2}s^{-1}$ 程度の放出が観測されており，どちらも土壌水分の時空間変動の影響を受けて変動することがわかっている（Itoh *et al.*, 2012）．

降水パターンは，熱帯多雨林の一斉開花にも影響を及ぼす．Pasohにおける近年の一斉開花は1997，2002，2005，2009，2014年に見られているが，これらはいずれも11～12月の雨季の後1～3月に強乾燥が見られた期間の直後であり，この時期の乾燥が一斉開花の何らかのトリガーになっていると考えられる（Chen *et al.*, 2018）．

おわりに

熱帯多雨林はCO_2吸収・固定や気候の安定などの様々な重要な機能を担うことが期待されている．今日まで，熱帯多雨林の生態系機能に関するシミュレーション研究は盛んに行われているが，現地測定に基づく情報は限られてきた．吉良は，『熱帯林研究の動向と展望』（吉良，1990，2012に再録）の中で，「熱帯林研究はIBPのあと生物学的な現象に重点がシフトし環境とじかに結びつくような研究が不足している，中でもデータ不足がひどいのは水循環過程（水収支）である」と述べた．この現状はIBPから40年超の月日がたった今日，漸く少しの前進をみている．世界中の熱帯林サイトで渦相関法の発展とともに特に蒸発散や炭素動態についての詳細な情報が得られるようになってきた．そんな中，IBPの東南アジア熱帯林コアサイトであるマレーシア国Pasoh森林保護区でも，長期にわたる現存量調査（1985〜），微気象観測（1995〜），生態系フラックスの連続観測（2002〜）が行われてきており，新たな貴重な情報源となってきている．Pasohのほかにも同様に，様々な視点から総合的な調査を行う「拠点サイト」が世界中で増えつつあり，今後はそれぞれのサイトで得られた情報を比較して統合的な知見を導き出す研究が必要とされている．比較に際しては，根拠となるデータのサイト間での算定手法の違いを考慮した注意深い解析が必要という点は，特に強調しておきたい．

熱帯多雨林の存在様式と存在限界に水がどのように関わっているのかは，非常に重要な視点のひとつである．立地の違いによる養分の問題を別にして，気候帯スケールでみれば水が重要な意味を持っていることは自明の事実であるが，問題は具体的・定量的に水がどう生態系機能を規定しているかの詳細である．この問に答えることができれば，将来起こりうる気候変動の下で熱帯多雨林がその存在と生態系機能を維持する仕組みと限界がわかる．水循環過程の影響を定量評価するのに，月単位降水量や乾湿指標等との相関解析だけでは不十分である．降雨・蒸発散にともなう時々刻々の変動から，気候アノマリーにともなう長期変動まで，様々な時間スケールで水循環と生態系機能の関係を定量的に見ていく必要があるが，このような視点は従来の研究に欠けていた．生態系機能の調査は従来から生態学の視点・手法で行われているが，これに水文学や生物環境物理学などの環境系学問の視点をリンクさせることで，新たに多くの知見が得られるだろう．IBP 研究が描き出した熱帯多雨林の姿に加えて，動的に変動する熱帯多雨林の生態系機能を明らかにしていくことが，今日の研究課題である．水のフローは炭素をはじめ様々な物質のフローとも関係して熱帯多雨林機能の中枢をなし，全球環境とも深く結びついている．このような情報は今後，生態系機能の未来予測を行ううえで，重要な意義を持ってくると考えられる．

引用文献

Araújo, A. C., Nobre, A. D. *et al.* (2002) Comparative measurements of carbon dioxide fluxes from two nearby towers in a central Amazonian rainforest: The Manaus LBA site. *J. Geophys. Res.*, **107**, D20: 8090.

Bonell, M. (2004) Runoff generation in tropical forests. In: *Forests, Water and People in the Humid Tropics* (*UNESCO International Hydrology Series*). (eds. Bonell, M. & Bruijnzeel, L. A.) pp. 314–406, Cambridge University Press.

Chen, Y.-Y., Satake, A., Sun, I-F. *et al.* (2018) Species-specific flowering cues among general flowering Shorea species at the Pasoh Research Forest, Malaysia. *J. Ecol.*, **106**, 586–598.

Chang, J. H. & Lau, L. S. (1993) Definition of the humid tropics. In: *Hydrology and water management in the humid tropics* (*UNESCO International Hydrology Series*). (eds. Bonell, M *et al.*) pp. 571–574, UNESCO-Cambridge University Press.

Chappell, N. A. (2005) Water pathways in humid forests: myths vs observations. 水利科学, **48**, 32–46.

Chappell, N. A., Sherlock, M. *et al.* (2007) Runoff processes in Southeast Asia: role of soil, regolith and rock type. In: *Forest Environments in the Mekong River Basin.* (eds. Sawada, H. *et al.*) pp. 3–23, Springer.

Costa, M. H., Biajoli, M. C. *et al.* (2010) Atmospheric versus vegetation controls of Amazonian tropical rain forest evapotranspiration: Are the wet and seasonally dry rain forests any different? *J. Geophys. Res.*, **115**, G04021.

Da Rocha, H. R., Goulden, M. *et al.* (2004) Seasonality of water and heat fluxes over a tropical forest in eastern Amazonia. *Ecol. Appl.*, **14**, S22–S32.

Da Rocha, H. R., Manzi, A. O. *et al.* (2009) Patterns of water and heat flux across a biome gradient from tropical forest to savanna in Brazil. *J. Geophys. Res.*, **114**, G00B12.

Eltahir, E. A. B. & Bras, R. L. (1996) Precipitation recycling. *Rev. Geophys.*, **34**, 367–378.

Elsenbeer, H. (2001) Hydrologic flowpaths in tropical rainforest soilscapes - a review. *Hydrol. Process.*, **15**, 1751–1759.

Fisher, J. B., Malhi, y. *et al.* (2009) The land-atmosphere water flux in the tropics. *Glob. Chang Biol.*, **15**, 2694–2714.

Giambelluca, T. W. (2002) Hydrology of altered tropical forest. *Hydrol. Process.*, **16**, 1665–1669.

Giambelluca, T. W., Ziegler, A. D. *et al.* (2003) Transpiration in a small tropical forest patch. *Agric. For. Meteorol.*, **117**, 1–22.

Goulden, M. L., Miller, S. D. *et al.* (2004) Diel and seasonal patterns of tropical forest CO_2 exchange. *Ecol. Appl.*, **14**, S42–S54.

Guardiola-Claramonte, M., Troch, P. A. *et al.* (2010) Hydrologic effects of the expansion of rubber (*Hevea brasiliensis*) in a tropical catchment. *Ecohydrol.*, **3**, 306–314.

服部重昭（1992）森林蒸発散の構成成分，森林水文学（塚本良則 編），pp. 78–96，文英堂出版.

Hayhoe, S. J., Neill, C. *et al.* (2011) Conversion to soy on the Amazonian agricultural frontier increases streamflow without affecting stormflow dynamics. *Glob. Chang Biol.*, **17**, 1821–1833.

Hirano, T., Segah, H. *et al.* (2007) Carbon dioxide balance of a tropical peat swamp forest in Kalimantan, Indonesia. *Glob. Chang Biol.*, **13**, 412–425.

Hirano, T., Kusin, K. *et al.* (2015) Evapotranspiration of tropical peat swamp forests. *Glob. Chang Biol.*, **19**, 14–27.

Hutyra, L. R., J. W. Munger. *et al.* (2007) Seasonal controls on the exchange of carbon and water in an Amazonian rain forest. *J. Geophys. Res.*, **112**, G03008.

Itoh, M., Kosugi, Y. *et al.* (2012) Effects of soil water status on the spatial variation of carbon dioxide, methane and nitrous oxide fluxes in tropical rain-forest soils in Peninsular Malaysia. *J. Trop. Ecol.*, **28**, 557–570.

Kamakura, M., Kosugi, Y. *et al.* (2015) Occurrence of stomatal patchiness and its spatial scale in leaves from various sizes of trees distributed in a South-east Asian tropical rainforest in Peninsular Malaysia. *Tree Physiol.*, **35**, 61–70.

Kenzo, T., Ichie, T. *et al.* (2007) Ecological distribution of homobaric and heterobaric leaves in tree species of Malaysian lowland tropical rainforest. *Am. J. Bot.*, **94**, 764–775.

吉良竜夫（2011）吉良竜夫著作集２消えゆく熱帯林，pp. 382，新樹社.

Komatsu, H., Kume, T. *et al.* (2010) A simple model to estimate monthly forest evapotranspiration in Japan from monthly temperature. *Hydrol. Process.*, **24**, 1896–1911.

Kosugi, Y., Mitani, T. *et al.* (2007) Spatial and temporal variation in soil respiration in a Southeast Asian tropical rainforest. *Agric. For. Meteorol.*, **147**, 35–47.

Kosugi, Y., Takanashi, S. *et al.* (2008) CO_2 exchange of a tropical rainforest at Pasoh in Peninsular Malaysia. *Agric. For. Meteorol.*, **148**, 439–452.

Kosugi, Y., Takanashi, S. *et al.* (2009) Midday depression of leaf CO_2 exchange within the crown of Dipterocarpus sublamellatus in a lowland dipterocarp forest in Peninsular Malaysia. *Tree Physiol.*, **29**, 505–515.

Kosugi, Y., Takanashi, S. *et al.* (2012) Effect of inter-annual climate variability on evapotranspiration and canopy CO_2 exchange of a tropical rainforest in Peninsular Malaysia. *J. For. Res.*, **17**, 227–240.

Kume, T., Tanaka, N. *et al.* (2011) Ten-year evapotranspiration estimates in a Bornean tropical rainforest. *Agric. For. Meteorol.*, **151**, 1183–1192.

蔵治光一郎（1996）世界の熱帯林流域における水収支研究．日本林学会誌，**78**, 89–99.

蔵治光一郎・田中延亮（2003）世界の熱帯林における樹冠遮断研究．日本林学会誌，**85**, 18–28.

Lawrence, D. & Vandecar, K (2015) Effects of tropical deforestation on climate and agriculture. *Nat. Clim. Change*, **5**, 27–36.

Li, Z., Zhang, Y. *et al.* (2010) Evapotranspiration of a tropical rain forest in Xishuangbanna, southwest China. *Hydrol. Process.*, **24**, 2405–2416.

Malhi, Y., Pegoraro, E. *et al.* (2002) Energy and water dynamics of a central Amazonian rain forest. *J. Geophys. Res.*, **107**, D20 : 8061.

Malhi, Y. & Wright, J. (2004) Spatial patterns and recent trends in the climate of tropical rainforest regions. *Phil. Trans. R. Soc. Lond.*, **B359**, 311–329.

Mu, Q., Zhao, M. *et al.* (2011) Improvements to a MODIS global terrestrial evapotranspiration algorithm. *Remote Sens. Environ.*, **115**, 1781–1800.

Noguchi, S., Kosugi, Y. *et al.* (2016) Long term variation in soil moisture in the Pasoh Forest Reserve, a lowland tropical rain forest in Malaysia. *J. Trop. For. Sci.*, **28**, 324–333.

Peel, M. C., Finlayson, B. L. *et al.* (2007) Updated world map of the Köppen-Geiger climate classification. *Hydrol. Earth Syst. Sci.*, **11**, 1633–1644.

Shuttleworth, W. J. (1984) Observations of radiation exchange above and below Amazonian forest. *Q. J. R. Meteorol. Soc.*, **110**, 1163–1169.

Takanashi, S., Kosugi, Y. *et al.* (2006) Patchy stomatal behavior in broad-leaved trees grown in different habitats. *Tree Physiol.*, **26**, 1565–1578.

Takanashi, S., Kosugi, Y. *et al.* (2010) Abdul Rahim, N : Water and heat fluxes above a lowland dipterocarp forest in Peninsular Malaysia. *Hydrol. Process.*, **24**, 472–480.

Tanaka, K., Takizawa, H. *et al.* (2003) Transpiration peak over a hill evergreen forest in northern Thailand in the late dry season : assessing the seasonal changes in evapotranspiration using a multilayer model. *J. Geophys. Res.*, **108**, D17 : 4533.

Tanaka, N., Kume, T. *et al.* (2008) A review of evapotranspiration estimates from tropical forests in Thailand and adjacent regions. *Agric. For. Meteorol.*, **148**, 807–819.

Trenberth, K. E., Smith, L. *et al.* (2007). Estimates of the global water budget and its annual cycle using observational and model data. *J. Hydrometeor*, **8**, 758–769.

Wilson, K. B., Goldstein, A. *et al.* (2002) Energy balance closure at FLUXNET sites. *Agric. For. Meteorol.*, **113**, 223–243.

Wohl, E., Barros, A. *et al.* (2012) The hydrology of the humid tropics. *Nat. Clim. Change*, **2**, 655–662.

山中 勤（2009）降水，水文科学．（杉田倫明 ほか編）pp. 51–74，共立出版.

Zhang, L., Dawes, W. R. *et al.* (2001) Response of mean annual evapotranspiration to vegetation changes at catchment scale. *Water Resources Res.*, **37**, 701–708.

索　引

【さ行】

【た行】

【な行】

【は行】

【ま行】

【や行】

【ら行】

Memorandum

【編者】

三枝信子（さいぐさ　のぶこ）

1993年　東北大学大学院理学研究科地球物理学専攻博士課程修了
現　在　国立環境研究所 地球システム領域 領域長，博士（理学）
専　門　気象学，陸域炭素循環
主　著　『森林と地球環境変動（森林科学シリーズ 6）』（共立出版，2019，編著）『陸域生態系の炭素動態——地球環境へのシステムアプローチ』（分担執筆，京都大学学術出版会，2013），『水環境の気象学』（分担執筆，朝倉書店，1994）

柴田英昭（しばた　ひであき）

1996年　北海道大学大学院農学研究科農芸化学専攻博士課程修了
現　在　北海道大学北方生物圏フィールド科学センター 教授，博士（農学）
専　門　生物地球化学，土壌学，生態系生態学
主　著　『森林と地球環境変動（森林科学シリーズ 6）』（共立出版，2019，編著）『森林と土壌（森林科学シリーズ 7）』（共立出版，2018，編著），『森林と物質循環（森林科学シリーズ 8）』（共立出版，2018，編著），『森林集水域の物質循環調査法（生態学フィールド調査法シリーズ 1）』（共立出版，2015）

高梨　聡（たかなし　さとる）

2005年　京都大学農学研究科地域環境科学専攻博士課程修了
現　在　森林研究・整備機構 森林総合研究所関西支所 主任研究員，博士（農学）
専　門　生物環境物理学，森林水文学，森林気象学
主　著　“*Pasoh: Ecology of a Lowland Rain Forest in Southeast Asia*”（分担執筆，Springer，2003）

森林科学シリーズ 5
Series in Forest Science 5

森林と水

Forest and Water

2022 年 11 月 20 日　初版 1 刷発行

検印廃止
NDC 451.85, 517, 653.17
ISBN 978-4-320-05821-7

編　者　三枝信子
柴田英昭　©2022
高梨　聡
発行者　南條光章
発行所　**共立出版株式会社**
〒112-0006
東京都文京区小日向 4-6-19
電話　(03) 3947-2511（代表）
振替口座　00110-2-57035
URL　www.kyoritsu-pub.co.jp
印　刷　精興社
製　本　加藤製本

一般社団法人
自然科学書協会
会員

Printed in Japan